आपेक्षिकता-सिद्धांत क्या है

'भौतिकी विश्व-वर्ष 2005' का प्रतीक-चिह्न

विशुद्ध एवं प्रायोगिक भौतिकी के अंतर्राष्ट्रीय संघ द्वारा प्रस्तावित और यूनेस्को तथा संयुक्त राष्ट्रसंघ द्वारा अनुमोदित 'भौतिकी विश्व-वर्ष 2005' का प्रतीक-चिह्न बालू-घड़ी के आकार का है और इसकी रचना यूरोपीय भौतिकीय सोसायटी के पॉल स्टीर्न ने की है। आइंस्टाइन के विशिष्ट आपेक्षिकता-सिद्धांत ने काल की परंपरागत धारणा को बदल डाला है, इसलिए यह चिह्न काल-प्रवाह को प्रदर्शित करता है। ऊर्ध्वाधर दिशा काल के विस्तार को, क्षैतिज दिशा आकाश (दिक्) के विस्तार को और विकर्णों का प्रतिच्छेद-बिंदु 'वर्तमान' को व्यक्त करता है। नीचे का शंकु भूतकाल (अतीत) का और ऊपर का शंकु भविष्य का द्योतक है। इस प्रतीक-चिह्न के और भी कई अर्थ खोजे जा सकते हैं। 'भौतिकी विश्व-वर्ष 2005' पूरे 500 दिन, अक्तूबर 2004 से फरवरी 2006 तक, मनाने का निर्णय लिया गया है।

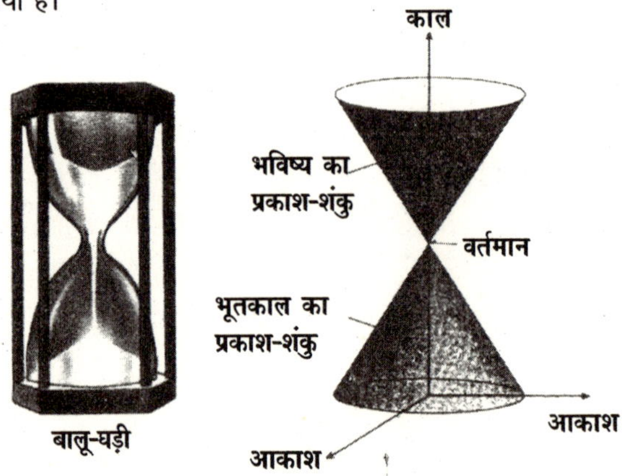

बालू-घड़ी (बाएं) और प्रतीक-चिह्न की व्याख्या (दाएं)

लेव लांदाऊ, यूरी रूमेर

आपेक्षिकता-सिद्धांत क्या है

(आइंस्टाइन की संक्षिप्त जीवनी सहित)

अनुवाद व परिशिष्ट

गुणाकर मुळे

राजकमल प्रकाशन

नयी दिल्ली पटना इलाहाबाद कोलकाता

ISBN : 978-81-267-1135-2

मूल्य : ₹ 250

पहला संस्करण : 2006
पहली आवृत्ति : 2008
दूसरी आवृत्ति : 2013
तीसरी आवृत्ति : 2014

प्रकाशक : राजकमल प्रकाशन प्रा. लि.
1-बी, नेताजी सुभाष मार्ग, दरियागंज
नई दिल्ली-110 002

शाखाएँ : अशोक राजपथ, साइंस कॉलेज के सामने, पटना-800 006
पहली मंजिल, दरबारी बिल्डिंग, महात्मा गांधी मार्ग, इलाहाबाद-211 001
36 ए, शेक्सपियर सरणी, कोलकाता-700 017

वेबसाइट : www.rajkamalprakashan.com
ई-मेल : info@rajkamalprakashan.com

मुद्रक : बी.के. ऑफसेट
नवीन शाहदरा, दिल्ली-110 032

WHAT IS THE THEORY OF RELATIVITY
by L. Landau, Yu. Rumer
Translated & Appendices by Gunakar Muley

लेखकों की ओर से

अल्बर्ट आइंस्टाइन द्वारा प्रतिपादित आपेक्षिकता-सिद्धांत को अस्सी से ज्यादा साल (अब 2005 ई. में ठीक सौ साल—*अनुवादक*) हो चुके हैं। इस अवधि में यह सिद्धांत, जो आरंभ में महज एक अंतर्विरोधी बौद्धिक खेल प्रतीत होता था, भौतिकी के एक आधारस्तंभ में परिणत हो चुका है। इस सिद्धांत के बिना आधुनिक भौतिकी लगभग उसी तरह असंभव है, जिस तरह बिना अणु-परमाणुओं की अवधारणाओं के। ऐसी अनेक भौतिकीय धारणाएं हैं जिनकी व्याख्या आपेक्षिकता-सिद्धांत के बिना संभव नहीं है। इसके आधार पर 'प्राथमिक' कणिकाओं का अन्वेषण करने वाले त्वरित्र जैसे जटिल उपकरण बनाए जा रहे हैं, नाभिकीय प्रक्रियाओं से संबंधित गणनाएं संपन्न हो रही हैं, आदि।

खेद की बात है कि आपेक्षिकता-सिद्धांत से, विशेषज्ञों को छोड़कर, अन्य सामान्य जन बहुत कम परिचित हैं। इसे एक 'क्लिष्ट' सिद्धांत माना जाता है, और यह बात सही भी है। सामान्य व्यक्ति से, जो भौतिकवेत्ता नहीं है, इस सिद्धांत के जटिल गणितीय तंत्र को व्यवहार में लाने की अपेक्षा नहीं की जा सकती।

फिर भी हमारी मान्यता है कि आपेक्षिकता-सिद्धांत की बुनियादी अवधारणाओं और मुख्य विचारों को उन पाठकों के लिए सुलभ शैली में प्रस्तुत किया जा सकता है जो विशेषज्ञ नहीं हैं।

हमें आशा है कि इस पुस्तक को पढ़ने के बाद पाठक फिर कभी इस तरह नहीं सोचेगा : आपेक्षिकता-सिद्धांत का अर्थ बस इतना ही है कि "संसार में सब कुछ सापेक्षिक है"। इसके विपरीत, वह देखेगा कि भौतिकी के किसी भी अन्य सत्य सिद्धांत की तरह यह सिद्धांत भी वस्तुगत सत्य को व्यक्त करता है, और जो किसी की भी इच्छा या रुचि पर निर्भर नहीं करता। आकाश (दिक्), काल और द्रव्यमान की पुरानी धारणाओं को त्यागकर हम और गहराई से समझने लगे हैं कि यथार्थ में यह विश्व किस तरह बना है।

अनुवादक की ओर से

आपेक्षिकता-सिद्धांत के बारे में मैंने पहली पुस्तक—मातृभाषा मराठी में नहीं, हिंदी में—तब पढ़ी थी, जब मैं अभी मैट्रिक भी पास नहीं था, अंग्रेजी भी नहीं जानता था। वह पुस्तक थी, स्वर्गीय डाक्टर अवध उपाध्याय की **सापेक्ष्यवाद** (हिंदी साहित्य सम्मेलन, प्रयाग, 1948 ई.)। हिंदी में आपेक्षिकता-सिद्धांत पर यह शायद पहली पुस्तक थी, और मेरा अनुमान है कि अवधजी की मृत्यु (संभवतः सन् 1941) के बाद महापंडित राहुल सांकृत्यायन के प्रयास से छपी थी; सन् 1947-48 में राहुलजी सम्मेलन के सभापति थे। राहुलजी की प्रेरणा से ही सिर्फ हाईस्कूल पास पं. अवध उपाध्याय फ्रांस गए थे और गणित के 'डाक्टर' बनकर वापस लौटे थे।

उस दौर में हिंदी में उच्चकोटि का साहित्य रचा जा रहा था; साथ ही, हिंदी को ज्ञान-विज्ञान के मामले में भी समृद्ध बनाने के प्रयास किए जा थे। लेकिन आगे जाकर स्थिति बदलती गई। अब तो हिंदी प्रमुखतः कविता-कहानी-आलोचना की भाषा बन गई है। डा. अवध उपाध्याय के बाद आपेक्षिकता-सिद्धांत पर हिंदी में दूसरी मौलिक पुस्तक शायद किसी ने नहीं लिखी है।

आज से कोई पचीस साल पहले आइंस्टाइन और उनके आपेक्षिकता-सिद्धांत पर एक पुस्तक लिखने का काम मैंने हाथ में लिया था। लगभग पचास पृष्ठ लिख भी डाले थे; लेकिन तब किसी व्यवधान के कारण काम आगे नहीं बढ़ा।

कोई पंद्रह साल पहले लेव लांदाऊ और यूरी रूमेर की यह पुस्तक मैंने पढ़ी, मुझे बहुत पसंद आई और मैंने इसका अनुवाद कर डाला। अब "भौतिकी, विश्व-वर्ष 2005" के अवसर पर वह अनुवाद परिष्कृत होकर प्रकाशित हो रहा है। पुस्तक को सामान्य पाठकों के लिए उपयोगी बनाने के प्रयोजन से परिशिष्टों में मैंने आइंस्टाइन व लांदाऊ की जीवनियां और पारिभाषिक शब्दावलियां भी जोड़ दी हैं। जीवनियों का ऐतिहासिक महत्व है, इसलिए इन्हें पहले पढ़ लेना उपयोगी रहेगा।

आपेक्षिकता-सिद्धांत ने विश्व की वास्तविकता को समझने का एक नया क्रांतिकारी साधन तो प्रस्तुत किया ही है, मानव-चिंतन को भी गहराई से प्रभावित किया है। आशा है, हिंदी के पाठक इस कृति से लाभान्वित होंगे।

दिल्ली : 1 सितंबर 2005 **—गुणाकर मुळे**

अनुक्रम

अध्याय 1

हमारी जानी-पहचानी आपेक्षिकता

क्या प्रत्येक कथन का अर्थ होता है?

स्पष्ट उत्तर है—नहीं। यदि हम कुछ सार्थक शब्द भी लेते हैं और उन्हें व्याकरण के कठोर नियमों के अनुसार जोड़ते हैं, तो भी उनसे बननेवाले वाक्य पूर्णतः निरर्थक हो सकते हैं। उदाहरणार्थ, इस कथन का कोई अर्थ नहीं है कि "पानी त्रिभुजाकार है"।

लेकिन हर निरर्थक कथन इतना स्पष्ट नहीं होता। अक्सर ऐसा होता है कि जो कथन पहली नज़र में पूर्णतः सही प्रतीत होता है, वही गहरी छानबीन के बाद सर्वथा निरर्थक सिद्ध होता है।

दाएं या बाएं?

मकान सड़क के किस ओर है—दाईं ओर या बाईं ओर? इस सवाल का तुरंत उत्तर देना आपके लिए संभव नहीं है।

यदि आप पुल से जंगल की ओर जाते हैं, तो मकान आपके बाएं हाथ की ओर होगा; और यदि उलटी दिशा में जाते हैं, तो यह आपके दाएं हाथ की ओर होगा। सड़क के दाईं या बाईं ओर का जिक्र करते समय सापेक्ष दिशा का उल्लेख करना आवश्यक है।

जब हम किसी नदी के दाएं तट का उल्लेख करते हैं, तो इसका अर्थ स्पष्ट है; क्योंकि नदी की धारा दिशा को स्पष्ट कर देती है। इसी प्रकार, हम कह सकते हैं कि मोटर-गाड़ी सड़क के दाईं ओर से दौड़ रही है, क्योंकि यातायात से सापेक्ष दिशा स्पष्ट हो जाती है।*

---

* फिर भी भारत जैसे उन देशों के लिए यह कथन गलत होगा, जहां गाड़ियां सड़क के बाईं ओर से दौड़ती हैं। *—अनुवादक*

अतः "दाएं" और "बाएं" सापेक्षिक धारणाएं हैं। दिशा की जानकारी मिलने पर ही इनका अर्थ स्पष्ट हो सकता है।

इस समय रात है या दिन?

इस प्रश्न का उत्तर स्थान-विशेष पर निर्भर करता है। मास्को में जब दिन होता है, तब व्लादीवोस्तोक में रात होती है। इसमें कोई विरोधाभास नहीं है।*

बात सिर्फ इतनी ही है कि "दिन" और "रात" सापेक्षिक धारणाएं हैं, और स्थान का निर्देश किए बिना आप इस प्रश्न का उत्तर नहीं दे सकते।

बड़ा कौन?

यहां अगले पृष्ठ पर ऊपर जो चित्र है उसमें स्पष्ट दिखाई दे रहा है कि ग्वाला गाय से बड़ा है। नीचे के चित्र में गाय ग्वाले से बड़ी है। यहां भी कोई असंगति

---

* मास्को और व्लादीवोस्तोक में लगभग 100 देशांतरों का अंतर है। 15 देशांतर अंतर एक घंटे के समयांतर के बराबर होता है। इसलिए मास्को और व्लादीवोस्तोक के समयों में लगभग सात घंटों का फरक रहता है। *—अनुवादक*

नहीं है। ये दो चित्र दो भिन्न स्थलों से खींचे गए हैं—एक वहां से जहां से गाय नज़दीक थी, और दूसरा वहां से जहां से ग्वाला नज़दीक था। चित्रांकन में किसी वस्तु की वास्तविक विमाओं का महत्व नहीं होता, बल्कि उस कोण का महत्व होता है जिनसे वे देखी जाती हैं। जब तक दिक् (आकाश) में वस्तुओं का स्थान सुनिश्चित न किया जाए, तब तक उनकी कोणीय विमाओं के बारे में कुछ कहना

निरर्थक है। उदाहरण के लिए, इस कथन का कोई अर्थ नहीं कि एक मीनार को 45^0 के कोण से देखा गया। लेकिन यदि आप कहते हैं कि 25 मीटर दूर की एक मीनार को 45^0 के कोण से देखा गया, तो यह कथन उपयुक्त है। साथ ही, इससे यह भी पता चलता है कि वह मीनार 25 मीटर ऊंची है।

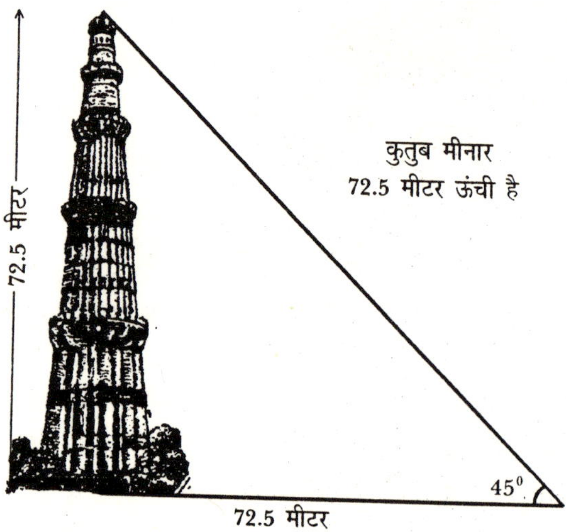

सापेक्षिक चीज़ निरपेक्ष जान पड़ती है

यदि हम अवलोकन का अपना स्थल थोड़ा-सा बदलते हैं, तो कोणीय विमाएं भी थोड़ी-सी बदल जाएंगी। यही कारण है कि खगोल-विज्ञान में अक्सर कोणीय मापों का इस्तेमाल होता है। तारों के मानचित्रों में तारों के बीच की कोणीय दूरियां दी जाती हैं; अर्थात्, वे कोण दिए जाते हैं जो पृथ्वी से तारों को देखने पर उनके बीच की दूरियां व्यक्त करते हैं।

धरती पर हम कहीं पर भी जाएं, और किसी भी स्थल से अवलोकन करें, हम देखेंगे कि तारों के बीच की दूरियां यथावत् बनी रहती हैं। इसका कारण यह है कि हमारे और तारों के बीच इतनी अधिक दूरी है कि उसकी सहज कल्पना भी नहीं की जा सकती। तारों की इन दूरियों की तुलना में धरती पर स्थानों के बीच की दूरियां इतनी नगण्य हैं कि हम उनकी सहज ही उपेक्षा कर सकते हैं। इसलिए तारों के मामले में हम कोणीय दूरियों को निरपेक्ष दूरियों के रूप में ग्रहण कर सकते हैं।

हमारी पृथ्वी एक विशाल कक्षा में सूर्य की परिक्रमा करती है। यदि इस कक्षा को आधार बनाकर तारों का अवलोकन किया जाए, तो कोणीय मापों में अंतर प्रकट होते हैं, पर ये अंतर बहुत कम होते हैं। लेकिन यदि हम किसी तारे से, उदाहरण के लिए व्याध तारे* से, अवलोकन करें, तो आकाश के तारों के नक्शे में बहुत बड़ा फेर-बदल नज़र आएगा। सभी कोणीय माप बदल जाएंगे। जो तारे धरती से एक-दूसरे से दूर दिखाई देते हैं, वे एक-दूसरे के काफी नजदीक नज़र आएंगे।

निरपेक्ष चीज़ सापेक्षिक जान पड़ती है

हम अक्सर ही "ऊपर" और "नीचे" जैसे शब्दों का प्रयोग करते हैं। ये धारणाएं निरपेक्ष हैं या सापेक्ष?

लोगों ने इस सवाल के भिन्न-भिन्न समयों में भिन्न-भिन्न जवाब दिए हैं। जब लोग नहीं जानते थे कि हमारी पृथ्वी गोल है, जब उनकी सोच थी कि यह सपाट है, तब ऊर्ध्वाधर यानी ऊपर की दिशा एक निरपेक्ष धारणा मानी जाती थी। यह मान लिया गया था कि पृथ्वी की सतह के सभी स्थलों पर ऊर्ध्वाधर दिशा एक-सी है। ऐसी स्थिति में निरपेक्ष "ऊपर" और निरपेक्ष "नीचे" का प्रयोग करना एक स्वाभाविक बात थी।

जब स्पष्ट जानकारी मिली कि पृथ्वी गोल है, तो "ऊर्ध्वाधर" की यह धारणा गलत साबित हुई।

चूंकि पृथ्वी गोल है, इसलिए ऊर्ध्वाधर रेखा की दिशा निश्चय ही पृथ्वी की सतह के उस स्थल पर निर्भर करती है जहां से यह रेखा गुजरती है।

पृथ्वी की गोल सतह के भिन्न-भिन्न स्थलों पर ऊर्ध्वाधर दिशाएं भिन्न-भिन्न रहेंगी।

पृथ्वी की सतह पर किसी एक स्थल का ठीक-ठीक निर्देश न किया जाए, तो "ऊपर" और "नीचे" की इन धारणाओं का कोई अर्थ नहीं रह जाता। इसलिए जिसे पहले निरपेक्ष समझा जाता था, वह अब सापेक्ष सिद्ध हुआ। विश्व में कोई एक ऊर्ध्वाधर दिशा नहीं है। अतः दिक् (आकाश) में किसी भी दिशा

---

* आकाश का सबसे चमकीला यह व्याध या लुब्धक तारा हमसे करीब 9 प्रकाश-वर्ष दूर है। अर्थात्, 3,00,000 किलोमीटर प्रति सेकंड के वेग से दौड़नेवाली इस तारे से निकली किरणें 9 साल बाद हमारे पास पहुंचती हैं। —*अनुवादक*

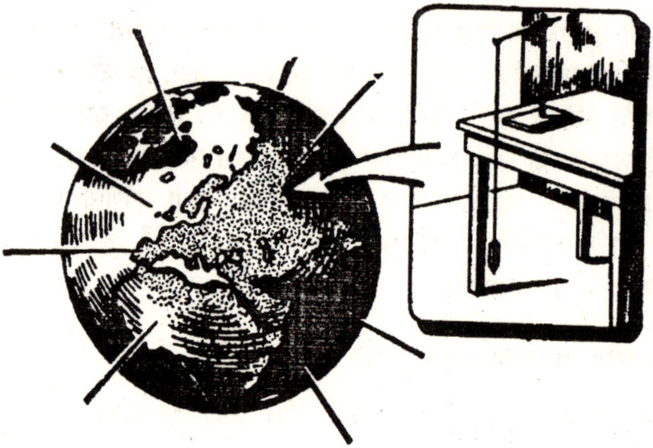

को निर्दिष्ट करने के लिए हम धरातल पर एक स्थल दिखा सकते हैं जहां यह दिशा ऊर्ध्वाधर होगी।

"सहज बुद्धि" का विद्रोह

आज ये सारी बातें हमें स्वाभाविक जान पड़ती हैं, और इनमें हम तनिक भी संदेह नहीं करते। लेकिन इतिहास से हमें पता चलता है कि "ऊपर" और "नीचे" की सापेक्षिकता (या आपेक्षिकता) को समझ पाना आदमी के लिए आसान बात नहीं थी। रोजमर्रा के अनुभवों से जिन धारणाओं की सापेक्षिकता स्पष्ट नहीं होती (जैसे, "ऊपर" और "नीचे" के बारे में) उन्हें लोग बड़ी सहजता से निरपेक्ष मान लेते हैं।

याद कीजिए कि मध्ययुग से लोग पृथ्वी के गोल होने के तथ्य के विरोध में किस प्रकार की बेतुकी दलीलें देते रहे हैं। वे पूछते थे : यदि पृथ्वी गोल है, तो क्या दूसरी तरफ के लोग सिर के बल चलते हैं?

यह तर्क गलत है, क्योंकि इसमें इस बात पर ध्यान नहीं दिया गया है कि पृथ्वी के गोल होने से ऊर्ध्वाधर दिशा एक सापेक्षिक धारणा हो जाती है।

उदाहरण के लिए, यदि हम ऊर्ध्वाधर दिशा की सापेक्षिकता को स्वीकार नहीं करते, हम मास्को में इसे निरपेक्ष मानते हैं, तो यह स्वाभाविक है कि इसके अनुसार न्यूजीलैंड के लोगों को सिर के बल चलते हुए माना जाएगा। लेकिन तब न्यूजीलैंड के लोग भी यही सोचेंगे कि मास्को के निवासी सिर के बल चलते हैं। इसमें कोई विसंगति नहीं है। वास्तविकता यह है कि ऊर्ध्वाधर दिशा निरपेक्ष नहीं,

बल्कि एक सापेक्षिक धारणा है।

यदि हम पृथ्वी की सतह पर एक-दूसरे से काफी दूरी के दो स्थलों को चुनें, जैसे, मास्को और न्यूजीलैंड, तो ऊर्ध्वाधर दिशाओं का सही अर्थ हमें काफी स्पष्ट हो जाएगा। लेकिन यदि हम काफी नजदीक के दो स्थल लेते हैं; जैसे, मास्को के ही दो मकान, तो उनकी सभी ऊर्ध्वाधर दिशाओं को हम लगभग समानांतर मान ले सकते हैं; अर्थात्, उन्हें निरपेक्ष मान सकते हैं।

जब हम पृथ्वी की सतह के तुल्य विशाल क्षेत्र पर विचार करते हैं, तभी निरपेक्ष ऊर्ध्वाधर का प्रयोग करने से बेतुके परिणाम और अंतर्विरोध प्रकट होते हैं।

ऊपर दिए गए उदाहरणों से स्पष्ट होता है कि अपने दैनंदिन जीवन में जिन धारणाओं का हम इस्तेमाल करते हैं, उनमें से बहुत-सी धारणाएं सापेक्षिक होती हैं। उनके प्रेक्षण की परिस्थितियों को स्पष्ट करने पर ही उनका सही अर्थ प्रकट होता है।

अध्याय 2

आकाश सापेक्षिक है

एक ही स्थान पर अथवा अलग-अलग स्थानों पर?

हम अक्सर कहते हैं कि दोनों घटनाएं एक ही स्थान पर घटित हुई हैं। इस तरह अपने इस कथन को हम निरपेक्ष अर्थ प्रदान करने की कोशिश करते हैं। पर वास्तविकता में इसका कोई अर्थ नहीं है। यह वैसा ही होगा यदि हम कहें कि "अब पांच बजे हैं", और यह न बताएं कि कहां पर—मास्को में या शिकागो में।

इसे ठीक से समझने के लिए कल्पना कीजिए कि मास्को-व्लादीवोस्तोक एक्सप्रेस रेलगाड़ी में यात्रा कर रही दो महिलाएं हर रोज एक ही डिब्बे में मिलती हैं और अपने-अपने पतियों को पत्र लिखती हैं। उनके पतियों को यदि हम बताएं कि उनकी पत्नियां हर रोज उसी एक स्थान से पत्र लिखती हैं, तो वे इस बात पर यकीन नहीं करेंगे। वे कहेंगे, और ठीक ही कहेंगे, कि ये स्थल एक-दूसरे से सैकड़ों किलोमीटर की दूरी पर हैं। उन्हें जो पत्र प्राप्त हुए हैं, क्या वे भिन्न-भिन्न स्थलों—क्रमशः यारोस्लाव्ल, पैर्म, स्वेर्द्लोव्स्क, त्यूमेन, ओम्स्क और खबारोव्स्क—से नहीं भेजे गए हैं?

दो घटनाएं—यात्रा के पहले दिन और दूसरे दिन पत्र लिखने की घटनाएं—पत्नियों की दृष्टि से एक ही स्थान पर घटित हुई हैं—गाड़ी के एक ही डिब्बे में। परंतु उनके पतियों की दृष्टि से ये घटनाएं सैकड़ों किलोमीटर अंतर के स्थलों पर घटित हुई हैं।

किसकी बात सच है—पत्नियों की या पतियों की? हम दोनों में से किसी भी एक का पक्ष नहीं ले सकते। यहां यह स्पष्ट हो जाता है कि "दिक् या आकाश में उसी एक स्थान पर" वाली यह धारणा सापेक्षिक अर्थ रखती है।

उसी प्रकार, यह कथन कि "आकाश के दो तारों का मिलन या संयोग हो रहा है" तभी कोई अर्थ ग्रहण करता है, जब यह स्पष्ट किया जाए कि उन्हें पृथ्वी

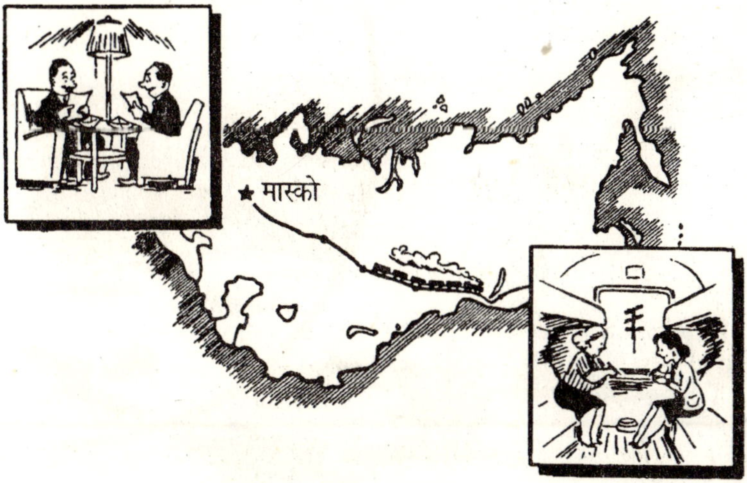

से देखा जा रहा है। आकाश में दो घटनाएं एकसाथ घटित हो रही हैं, यह बात केवल तभी कही जा सकती है जब उन पिंडों का उल्लेख किया जाए जिनके सापेक्ष इन घटनाओं के स्थान निर्धारित किए जाते हैं।

इस प्रकार, आकाश (दिक्) में स्थान की धारणा भी सापेक्षिक है। जब हम आकाश में किसी पिंड की स्थिति की बात करते हैं, तब हमेशा ही दूसरे पिंडों के सापेक्ष उसकी स्थिति सूचित करते हैं। किसी पिंड की स्थिति से संबंधित सवाल के जवाब में यदि हम अन्य पिंडों का उल्लेख नहीं करते हैं, तो वह सवाल अर्थहीन होगा।

कोई पिंड वस्तुतः किस प्रकार गमन करता है?

नतीजा निकलता है कि "आकाश में पिंड के स्थानांतरण" की धारणा भी सापेक्षिक है। यदि हम कहते हैं कि उस पिंड का आकाश में स्थान बदला है, तो हमारे कहने का अर्थ यह है कि उसने दूसरे पिंडों के सापेक्ष अपनी स्थिति बदली है।

अपनी सापेक्ष स्थितियां बदलनेवाले विभिन्न स्थलों (प्रयोगशालाओं) से यदि हम किसी पिंड की गति का अवलोकन करते हैं, तो हम देखेंगे कि उस पिंड की गति में बदल होता है।

आकाश में उड़नेवाले किसी हवाई जहाज से यदि एक पत्थर नीचे गिराया

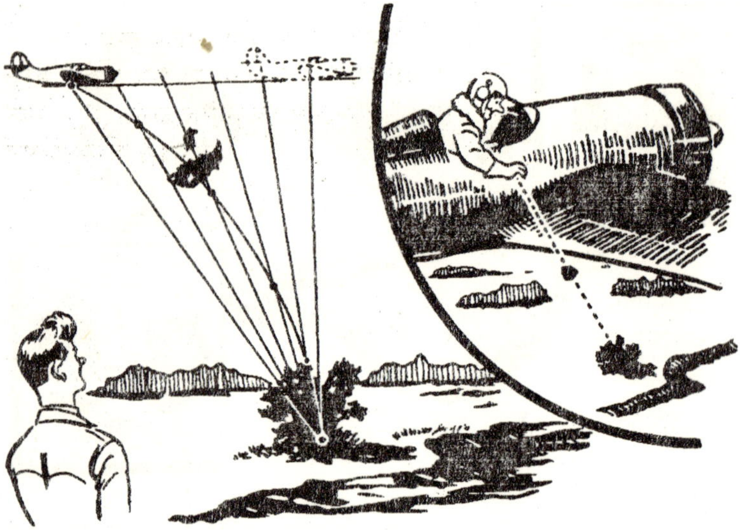

जाए, तो हवाई जहाज के सापेक्ष वह पत्थर एक सीधी रेखा में गिरेगा, परंतु पृथ्वी के सापेक्ष वह पत्थर एक वक्र रेखा में, जिसे 'परवलय' कहते हैं, गिरेगा।

परंतु वास्तव में वह पत्थर किस गतिरेखा में गिरता है?

इस सवाल में उसी प्रकार कोई अर्थ नहीं है जिस प्रकार इस सवाल में कि वास्तव में चंद्रमा का दृश्य-कोण क्या है। हमें स्पष्ट करना होगा कि चंद्रमा को कहां से देखा गया है : सूर्य से या पृथ्वी से?

किसी गतिमान पिंड के वक्र पथ का ज्यामितीय रूप उसी प्रकार सापेक्षिक होता है, जिस प्रकार किसी इमारत का छायाचित्र। किसी इमारत का पहले सामने से और फिर पिछवाड़े से चित्र खींचने पर जिस प्रकार हम उसके दो भिन्न छायाचित्र प्राप्त करते हैं, उसी प्रकार किसी गतिमान पत्थर का विभिन्न स्थलों (प्रयोगशालाओं) से अवलोकन करने पर हमें विभिन्न वक्र प्राप्त होते हैं।

क्या सभी अवलोकन-स्थल समान हैं?

आकाश में गतिमान किसी पिंड के अवलोकन में हमारी दिलचस्पी यदि उसके प्रक्षेप-पथ (वह वक्र जिस पर पिंड चलता है) के अध्ययन में है, तो अवलोकन के लिए हम ऐसा स्थल चुनेंगे जिसमें आसानी हो, जिसमें सुविधा हो।

जब एक कुशल फोटोग्राफर चित्र खींचने के लिए जगह का चयन करता है

तो, अन्य बातों के अलावा, वह यह ध्यान में रखता है कि चित्र सुंदर आए, उसका संयोजन बढ़िया हो।

परंतु आकाश में पिंडों की गतियों का अध्ययन करते समय हमारी अभिरुचि अधिक व्यापक होती है। हम न केवल प्रक्षेप-पथ के बारे में जानकारी प्राप्त करना चाहते हैं, बल्कि प्रदत्त परिस्थितियों में उस पिंड का पथ भी निर्धारित करना चाहते हैं। अन्य शब्दों में, हम उसकी गति को निर्धारित करनेवाले नियमों को जानना चाहते हैं—उन नियमों को जानना चाहते हैं जो पिंडों को ऐसा या वैसा गतिमान होने की चालना देते हैं।

इस दृष्टि से जब हम गति की सापेक्षिकता का अध्ययन करते हैं, तो देखते हैं कि आकाश (दिक्) में सभी स्थितियां समान नहीं हैं।

जब हम किसी फोटोग्राफर से पहचान-पत्र के लिए फोटो खींच देने के लिए कहते हैं, तब हम अपने सिर के पीछे के भाग का नहीं, बल्कि अपने चेहरे का फोटो खिंचवाना चाहते हैं। हमारी यह इच्छा या आवश्यकता आकाश में उस स्थान को निर्धारित करती है जहां से हमें फोटो खिंचवाना है। अन्य किसी स्थिति से हमारा मकसद पूरा नहीं होगा।

स्थिर अवस्था का पता चल गया!

बाह्य बल पिंडों की गति को प्रभावित करते हैं। इस प्रभाव का यदि गहराई से अध्ययन किया जाए, तो गति की समस्या को समझने का एक नितांत नया मार्ग खुल जाएगा।

कल्पना कीजिए कि हमारे पास एक ऐसा पिंड है जिस पर किसी बाह्य बल का प्रभाव नहीं है। अवलोकन के हमारे स्थल के अनुसार वह पिंड जुदा-जुदा ढंग से, काफी बेतुके ढंग से, गतिमान दिखाई देगा। पर यह स्पष्ट है कि प्रेक्षक के लिए सबसे स्वाभाविक स्थिति वही होगी जहां से वह पिंड स्थिर अवस्था में दिखाई दे।

अतः अब हम स्थिर अवस्था की एक पूर्णतः नई परिभाषा दे सकते हैं, फिर उस प्रदत्त पिंड की अन्य पिंडों के सापेक्ष जो भी गति हो। इस प्रकार, जिस पिंड पर किसी बाह्य बल का प्रभाव नहीं होता, वह स्थिर अवस्था में होता है।

स्थिरता या जड़त्व की चौखट

हम स्थिर अवस्था किस तरह प्राप्त कर सकते हैं? यकीन के साथ हम कैसे कह सकते हैं कि किसी पिंड पर बाह्य बलों का प्रभाव नहीं है?

इसके लिए हमें उस पिंड को उन सभी पिंडों से यथासंभव अधिक-से-अधिक दूर ले जाना होगा जो उसे प्रभावित कर सकते हैं।

हम, अपनी कल्पना के सहारे, ऐसे स्थिर या जड़त्वीय पिंडों की एक प्रयोगशाला का—एक चौखट या ढांचे या तंत्र का—निर्माण कर सकते हैं। तब उस प्रयोगशाला से, जिसे हम स्थिर अवस्था में मानेंगे, गति का अवलोकन करके हम इसके गुणधर्मों का विवेचन कर सकते हैं।

यदि किसी अन्य प्रयोगशाला में देखे गए गति के गुणधर्म हमारी इस कल्पित प्रयोगशाला में देखे गए गति के गुणधर्मों से भिन्न प्रकट होते हैं, तो हम निश्चयपूर्वक कह सकते हैं कि वह अन्य प्रयोगशाला गतिमान है।

क्या रेलगाड़ी गतिमान है?

जब हम यह सिद्ध करते हैं कि एक गतिमान प्रयोगशाला में गति को नियोजित करनेवाले नियम स्थिर प्रयोगशाला में प्रयुक्त नियमों से भिन्न होते हैं, तो जान पड़ेगा कि गति की धारणा अपना सापेक्षिक स्वरूप खो बैठी है। तब हमें सापेक्षिक स्थिरता (जड़ता) की गति को केवल लक्षित करना होगा और इसे निरपेक्ष मानना होगा।

लेकिन क्या एक स्थिर प्रयोगशाला में प्रचलित नियम उस प्रयोगशाला के गतिमान होने पर हर बार बदलते जाएंगे?

हम एक ऐसी रेलगाड़ी में सवार होंगे जो एक *सीधी रेखा में एकसमान वेग से* दौड़ रही है। तब हम डिब्बे के भीतर की चीजों की हलचलों का अवलोकन

करेंगे, और इनकी तुलना एक स्थिर रेलगाड़ी की चीजों की स्थितियों से करेंगे।

हमारा रोजमर्रा का अनुभव हमें बताता है कि एक सीधी रेखा में एकसमान वेग से दौड़नेवाली रेलगाड़ी में वस्तुओं की गति उसी प्रकार रहती है, जिस प्रकार एक स्थिर रेलगाड़ी में रहती है। एक गतिमान रेलगाड़ी में किसी गेंद को आप सीधे ऊपर हवा में उछालते हैं, तो वह निश्चित रूप से आपके हाथों में ही आकर गिरेगा।

चलती रेलगाड़ी में, तकनीकी कारणों से, धक्के लगना एक स्वाभाविक बात है। परंतु यदि हम इन धक्कों पर विचार न करें, तो एकसमान वेग से गतिमान रेलगाड़ी के भीतर हर वस्तु का व्यवहार ऐसा होता है कि मानो वह रेलगाड़ी स्थिर हो।

लेकिन जब रेलगाड़ी की रफ़्तार घटेगी या बढ़ेगी, तो स्थिति भिन्न होगी। रफ़्तार यदि घटती है, तो धक्का हमें आगे ढकेलेगा; और रफ़्तार यदि बढ़ती है, तो यह हमें पीछे ढकेलेगा। स्थिर स्थिति वाली रेलगाड़ी से ये अनुभव बिल्कुल भिन्न होंगे।

एकसमान वेग से गतिमान कोई रेलगाड़ी यदि अपनी दिशा बदलती है, तो हम भी उसे तुरंत अनुभव करते हैं। यदि गाड़ी दाईं ओर गहरा मोड़ लेती है, तो हम डिब्बे में बाईं ओर को ढकेले जाएंगे; और, गाड़ी यदि बाईं ओर गहरा मोड़ लेती है, तो हम डिब्बे में दाईं ओर ढकेले जाएंगे।

हम परिणाम पर पहुंचते हैं कि जब तक कोई प्रयोगशाला स्थिर अवस्था वाली किसी अन्य प्रयोगशाला के सापेक्ष सीधी रेखा में और एकसमान वेग से गतिमान रहती है, तब तक हम उसमें मौजूद वस्तुओं के व्यवहार में और उस स्थिर प्रयोगशाला

में मौजूद वस्तुओं के व्यवहार में कोई भेद नहीं खोज सकते। लेकिन गतिमान प्रयोगशाला की गति में रद्दोबदल होते ही (त्वरण हो, मंदन हो, या दिशा बदले) उसमें मौजूद वस्तुओं के व्यवहार पर इस रद्दोबदल का तुरंत परिणाम होता है।

स्थिर अवस्था सदा के लिए लुप्त हो गई

यह अद्भुत तथ्य कि एकसमान वेग से सीधी रेखा में गतिमान प्रयोगशाला का उसमें मौजूद वस्तुओं के व्यवहार पर कोई असर नहीं होता, स्थिर अवस्था से संबंधित अपनी धारणा गें संशोधन करने के लिए हमें विवश करता है। स्पष्ट होता है कि स्थिर अवस्था में और सीधी रेखा में एकसमान गति की अवस्था में कोई अंतर नहीं है। यदि कोई प्रयोगशाला किसी अन्य स्थिर अवस्थावाली प्रयोगशाला के सापेक्ष सीधी रेखा में एकसमान वेग से गतिमान है, तो उसे भी हम स्थिर अवस्थावाली मान सकते हैं। इसका अर्थ यह हुआ कि किसी एक निरपेक्ष स्थिर अवस्था का अस्तित्व नहीं है, बल्कि विभिन्न प्रकार की अनगिनत "स्थिर अवस्थाएं" हैं। अतः "स्थिर अवस्थावाली" अनगिनत प्रयोगशालाएं हैं, और ये सभी एक-दूसरे के सापेक्ष *एकसमान वेग से व सीधी रेखा में* विभिन्न वेगों से गतिमान हैं।

चूंकि स्थिर अवस्था सापेक्ष है, निरपेक्ष नहीं है, इसलिए हर बार हमें स्पष्ट करना होता है कि एक-दूसरे के सापेक्ष सीधी रेखा में और एकसमान वेग से गतिमान अनगिनत प्रयोगशालाओं में से किस प्रयोगशाला के सापेक्ष हम प्रदत्त गति का अवलोकन कर रहे हैं।

इस तरह, गति को एक निरपेक्ष धारणा सिद्ध करने में हम असफल रहे।

यह सवाल कि किस "स्थिर अवस्था" के सापेक्ष हम गति का अवलोकन कर रहे हैं, हमेशा के लिए खुला रहता है।

इस प्रकार हम प्रकृति के एक सर्वाधिक महत्वपूर्ण नियम तक पहुंचते हैं। इसे सामान्यतः **गति की सापेक्षिकता का सिद्धांत** कहते हैं।

इस सिद्धांत के अनुसार, एक-दूसरे के सापेक्ष सीधी रेखा में और एकसामन वेग से गतिमान चौखटों (प्रयोगशालाओं) के भीतर के पिंडों की गति समान नियमों से निर्धारित होती है।

जड़त्व का नियम

गति की सापेक्षिकता का सिद्धांत बताता है कि जब किसी पिंड पर बाह्य बलों का प्रभाव नहीं होता, तब वह या तो स्थिर अवस्था में होता है या सीधी रेखा में एकसमान वेग से गतिमान होता है। इस स्थिति को भौतिकी में "जड़त्व का नियम" कहते हैं।

मगर रोजमर्रा के जीवन में हम इस नियम को घटित होते नहीं देखते; यह

नियम स्पष्ट रूप से प्रकट नहीं होता। इस नियम के अनुसार, यदि कोई पिंड सीधी रेखा में एकसमान वेग से गतिमान है और उस पर किसी बाह्य बल का प्रभाव नहीं है, तो उसे सतत गतिमान रहना चाहिए। परंतु प्रेक्षणों से पता चलता है कि किसी पिंड पर बाह्य बल का प्रयोग भी न किया जाए, तो भी वह अंततोगत्वा स्थिर अवस्था में पहुंच जाता है।

इस पहेली का हल इस तथ्य में निहित है कि जितने भी पिंडों को हम देखते हैं उन सभी पर बाह्य बलों—घर्षण के बलों—का प्रभाव पड़ता है। जड़त्व के नियम के दर्शन के लिए जिस परिस्थिति की—पिंड पर प्रभाव डालनेवाले बाह्य बलों के अभाव की—हमें जरूरत है वह कहीं उपलब्ध नहीं है। लेकिन प्रयोग की परिस्थितियों में सुधार करते जाने पर, यानी घर्षण के बलों को घटाते जाने पर, हम उस आदर्श परिस्थिति के नजदीक पहुंच सकते हैं जो जड़त्व के नियम के अवलोकन के लिए आवश्यक है। इस प्रकार सिद्ध किया जा सकता है कि रोजमर्रा के जीवन में देखी जानेवाली गतियों पर भी यह नियम लागू होता है।

गति की सापेक्षिकता के सिद्धांत की खोज मानव की एक सबसे महान खोज है। इसके बिना भौतिक-विज्ञान कदापि विकास नहीं कर पाता। इस खोज का श्रेय गैलीलियो (1564-1642 ई.) की महान प्रतिभा को है। गैलीलियो ने अरस्तू (384-322 ई.पू.) की मान्यताओं का जबरदस्त विरोध किया, बावजूद इसके कि उस समय अरस्तू की मान्यताओं को कैथोलिक चर्च का भरपूर समर्थन प्राप्त था। अरस्तू का मत था कि गति केवल तभी संभव है जब बल का प्रयोग हो; यदि बल का प्रयोग न हो, तो गति अंततोगत्वा समाप्त हो जाएगी। लेकिन गैलीलियो ने अनेक अद्भुत प्रयोगों के जरिए इसके ठीक विपरीत बात सिद्ध की। उन्होंने सिद्ध किया कि घर्षण ही गतिमान पिंडों को स्थिर अवस्था में पहुंचा देता है; यदि घर्षण का प्रभाव न हो, तो गति प्रदान किया गया पिंड सतत गतिमान बना रहेगा।

वेग भी सापेक्षिक है!

गति की सापेक्षिकता के सिद्धांत से यह नतीजा निकलता है कि किसी पिंड की एक निश्चित वेग से सीधी रेखा में एकसमान गति एक निरर्थक धारणा है, बशर्ते कि हम यह स्पष्ट करें कि किसी स्थिर ढांचे के सापेक्ष वह निश्चित वेग मापा गया है। यदि हम यह स्पष्ट न करें कि किस याम्योत्तर रेखा से मापन किया गया है, तो देशांतर की धारणा भी इसी प्रकार निरर्थक है।

इस प्रकार, हम देखते हैं कि वेग भी एक सापेक्षिक धारणा है। यदि हम उसी एक पिंड का वेग विभिन्न स्थिर ढांचों के सापेक्ष निर्धारित करते हैं, तो हमें विभिन्न परिणाम प्राप्त होंगे।

परंतु वेग में होनेवाला हर परिवर्तन—चाहे त्वरण हो या मंदन या दिशा-परिवर्तन हो—निरपेक्ष अर्थ रखता है, और यह उस ढांचे या चौखट की स्थिति पर निर्भर नहीं करता जहां से हम इसका अवलोकन करते हैं।

गैलीलियो (1564-1642 ई.)

अध्याय 3
प्रकाश की त्रासदी

प्रकाश का संचरण तत्काल नहीं होता

हमने गति की सापेक्षिकता के सिद्धांत की सत्यता को समझ लिया है और यह भी जाना है कि अनगिनत "स्थिर" ढांचों (चौखटों) का अस्तित्व है। इन ढांचों में पिंडों की गति निर्धारित करनेवाले नियम एकसमान हैं। लेकिन एक ऐसी गति का भी अस्तित्व है जो, पहली नज़र में, ऊपर संस्थापित सिद्धांत का खंडन करती है। यह गति है—प्रकाश का संचरण या फैलाव।

प्रकाश का संचरण तत्काल नहीं होता, हालांकि इसका वेग बहुत अधिक है—3,00,000 किलोमीटर प्रति सेकंड।

इस प्रचंड वेग की कल्पना करने में हमें बड़ी कठिनाई होती है, क्योंकि हमारे रोजमर्रा के जीवन में इससे बहुत कम वेगों से हमारा सरोकार होता है। उदाहरण के लिए, नवीनतम रूसी अंतरिक्ष-राकेट का वेग केवल 12 किलोमीटर प्रति सेकंड है। जितने भी पिंडों से हमारा सरोकार है, उनमें पृथ्वी की सूर्य-परिक्रमा की गति सबसे अधिक है। लेकिन पृथ्वी की यह गति भी लगभग 30 किलोमीटर प्रति सेकंड ही है।

क्या प्रकाश के वेग को बदला जा सकता है?

प्रकाश के संचरण का अत्यधिक वेग अपने-आप में एक असाधारण चीज़ है। इससे भी अद्भुत तथ्य यह है कि यह वेग पूर्णतः स्थिर है, अपरिवर्तनीय है।

किसी पिंड की गति को आप कृत्रिम रूप से हमेशा ही त्वरित कर सकते हैं या मंदित कर सकते हैं। यहां तक कि बंदूक की गोली को भी। इसके लिए आपको सिर्फ उसके मार्ग में बालू-भरा बोरा रख देना पड़ता है। उस बोरे में घुसने के बाद गोली का वेग समाप्त हो जाएगा।

प्रकाश की बात निराली है। गोली का वेग मुख्य रूप से राइफल की बनावट

और बारूद के गुणधर्मों पर निर्भर करता है। परंतु प्रकाश का वेग एक-सा बना रहता है, इसका स्रोत चाहे जो भी हो।

कांच की एक प्लेट लीजिए और इसे प्रकाश के एक किरण-पुंज के मार्ग में रखिए। चूंकि कांच में प्रकाश-किरणों का वेग निर्वात में इनके वेग से कम होता है, इसलिए कांच में किरण-पुंज का संचरण कुछ धीमी गति से होगा। लेकिन कांच से बाहर आने पर प्रकाश का यह पुंज पुनः 3,00,000 किलोमीटर प्रति सेकंड का वेग प्राप्त करता है।

निर्वात में प्रकाश का संचरण, एक अत्यंत महत्वपूर्ण गुण में, दूसरी सभी किस्म की गतियों से भिन्न होता है : निर्वात में प्रकाश के वेग को न त्वरित किया किया जा सकता है, न ही मंदित किया जा सकता है। किसी वस्तु से गुजरते समय प्रकाश के किरण-पुंज में चाहे जो भी परिवर्तन हो, लेकिन जैसे ही यह निर्वात में पहुंचता है, पुनः उसी वेग से दौड़ने लगता है।

प्रकाश और ध्वनि

इस संदर्भ में प्रकाश का संचरण हमें पिंडों की दूसरी सामान्य गतियों की अपेक्षा ध्वनि के संचरण का अधिक स्मरण कराता है। ध्वनि उस माध्यम का कंपन है जिसमें इसका संचरण होता है। इसलिए ध्वनि का वेग उस माध्यम के गुणधर्मों पर निर्भर करता है, ध्वनि का निर्माण करनेवाले पिंड के गुणधर्मों पर निर्भर नहीं करता। प्रकाश के वेग की तरह ध्वनि के वेग को भी बढ़ाया या घटाया नहीं जा सकता, ध्वनि को दूसरे पिंडों से गुजारने पर भी नहीं।

यदि ध्वनि के मार्ग में हम धातु की कोई रोक लगाते हैं, तो उस रोक के भीतर ध्वनि का वेग बदल जाएगा। परंतु जैसे ही वह ध्वनि पुनः अपने पहले के माध्यम में प्रवेश करेगी, वैसे ही वह अपना पहला वेग प्राप्त कर लेगी।

बिजली का एक बल्ब और बिजली की एक घंटी लीजिए, और इन्हें कांच के एक ऐसे बंद पात्र में स्थापित कीजिए जिसमें से वायु-पंप द्वारा हवा निकालने की व्यवस्था की गई हो। अब वायु-पंप द्वारा उस पात्र से हवा निकालना शुरू कर दीजिए। घंटी की आवाज कम-कम होती जाएगी, और अंततः वह बिल्कुल सुनाई नहीं देगी। दूसरी ओर, बल्ब पूर्ववत् प्रकाशित दिखाई देगा।

इस प्रयोग से सिद्ध हो जाता है कि ध्वनि का संचरण द्रव्य के किसी माध्यम में ही हो सकता है, परंतु प्रकाश का संचरण निर्वात में भी होता है।

प्रकाश और ध्वनि में यही बुनियादी अंतर है।

गति की सापेक्षिकता का सिद्धांत डगमगाता नज़र आता है

निर्वात में प्रकाश का वेग—जो बहुत अधिक तो है, पर अनंत नहीं है—हमें गति की सापेक्षिकता के सिद्धांत के विरोध में ला खड़ा करता है।

कल्पना कीजिए कि एक रेलगाड़ी 2,40,000 किलोमीटर प्रति सेकंड के भीषण वेग से दौड़ रही है। हम इस रेलगाड़ी के सामने के डिब्बे में बैठे हैं, और सबसे पीछे के डिब्बे में बिजली का एक बल्ब जलाया गया है। हम देखेंगे कि प्रकाश को रेलगाड़ी के एक सिरे से दूसरे सिरे तक पहुंचने में लगनेवाले समय का मापन करने पर क्या परिणाम प्राप्त होते हैं।

लगेगा कि यह समय उस समय से भिन्न होगा जो उस रेलगाड़ी के स्थिर होने पर प्राप्त होगा। दरअसल, 2,40,000 किलोमीटर प्रति सेकंड के वेग से दौड़ रही रेलगाड़ी के सापेक्ष उस बल्ब का प्रकाश केवल 3,00,000−2,40,000 = 60,000 किलोमीटर प्रति सेकंड के वेग से ही दौड़ना चाहिए। उस प्रकाश को एक प्रकार से सामने के डिब्बे को पकड़ने का प्रयत्न करना होगा। यदि हम बिजली के उस बल्ब को सामने के डिब्बे में स्थापित करते हैं, और उसके प्रकाश को सबसे अंत के डिब्बे तक पहुंचने में लगनेवाले समय का मापन करते हैं, तो जान पड़ेगा कि रेलगाड़ी की गति की विपरीत दिशा में इसका वेग 2,40,000 + 3,00,000 = 5,40,000 किलोमीटर प्रति सेकंड होना चाहिए। प्रकाश और आखिरी डिब्बा एक-दूसरे की ओर दौड़ेंगे।

इस प्रकार, लगता है कि एक गतिमान रेलगाड़ी में प्रकाश का संचरण विभिन्न दिशाओं में विभिन्न वेगों से होना चाहिए। परंतु एक स्थिर रेलगाड़ी में प्रकाश का वेग दोनों दिशाओं में समान रहेगा।

राइफल की गोली की स्थिति एकदम भिन्न है। इसे रेलगाड़ी की गति की दिशा में दागा जाए या इस गति की विपरीत दिशा में दागा जाए, डिब्बे की दीवार के सापेक्ष गोली का वेग एक-सा रहेगा—एक स्थिर रेलगाड़ी में उस गोली के वेग के बराबर रहेगा।

तथ्य यह है कि गोली का वेग राइफल के वेग पर निर्भर करता है। लेकिन जैसाकि हमने देखा है, यदि बल्ब का वेग बदलता है, तो उसके साथ प्रकाश का वेग नहीं बदलता।

हमारे इस तर्क से सिद्ध होता जान पड़ता है कि प्रकाश का संचरण, गति की सापेक्षिकता के सिद्धांत का जबरदस्त खंडन करता है। राइफल की गोली एक गतिमान रेलगाड़ी और एक स्थिर रेलगाड़ी के सापेक्ष समान वेग से दौड़ती है।

निरपेक्ष स्थिरता की स्थिति

लेकिन 2,40,000 किलोमीटर प्रति सेकंड के वेग से दौड़नेवाली रेलगाड़ी में प्रकाश का संचरण स्थिर रेलगाड़ी के सापेक्ष एक दिशा में पांच गुना धीमी रफ्तार से होता है और विपरीत दिशा में 1.8 गुना तेज रफ्तार से होता है।

जान पड़ता है कि प्रकाश के संचरण के अध्ययन से हम एक गतिमान रेलगाड़ी की निरपेक्ष चाल निर्धारित कर सकते हैं।

इस बात की भी आशा है कि हम प्रकाश के संचरण की घटना के जरिए निरपेक्ष स्थिर अवस्था की धारणा को स्थापित कर पाएंगे।

जिस चौखट या ढांचे में प्रकाश का संचरण सभी दिशाओं में उसी एक स्थिर वेग से, 3,00,000 किलोमीटर प्रति सेकंड के वेग से, होता है उसके बारे में कहा जा सकता है कि वह निरपेक्ष स्थिर अवस्था में है। किसी भी अन्य चौखट में, जो पहली चौखट के सापेक्ष सीधी रेखा में एकसमान वेग से गतिमान है, प्रकाश का वेग भिन्न दिशाओं में भिन्न होना चाहिए। उस स्थिति में गति की सापेक्षिकता का, वेग की सापेक्षिकता का, और स्थिर अवस्था की सापेक्षिकता का, जिनकी हमने स्थापनाएं की हैं, कोई अस्तित्व नहीं रह जाता।

ईथरमय आकाश

इस स्थिति को किस प्रकार समझा जाए? एक समय ऐसा आया जब भौतिकविदों ने ध्वनि और प्रकाश के संचरण की घटनाओं के सादृश्य के आधार पर एक विशिष्ट माध्यम की कल्पना की, और इसे 'ईथर' का नाम दिया। उन्होंने कल्पना की कि इस ईथर में प्रकाश का संचरण उसी प्रकार होता है, जिस प्रकार ध्वनि का वायु में होता है। उन्होंने मान लिया कि जिस प्रकार लकड़ी की पतली पट्टियों से बना हुआ तरंगता बक्सा पानी को नहीं ठेलता, उसी प्रकार ईथर में गतिमान पिंड भी ईथर को नहीं ठेलते।

यदि हमारी रेलगाड़ी ईथर के सापेक्ष गतिहीन है, तो प्रकाश का प्रसरण सभी दिशाओं में समान वेग से होगा। यदि भिन्न-भिन्न दिशाओं में प्रकाश का वेग भिन्न-भिन्न होता है, तो ईथर के सापेक्ष रेलगाड़ी की गति तुरंत प्रकट हो जाएगी।

कल्पित ईथर के बारे में यह मान्यता कि इस माध्यम के कंपन को हम प्रकाश के रूप में देखते हैं, अनेक जटिल सवालों को जन्म देती है। पहली बात यही है कि यह स्पष्ट रूप से एक कृत्रिम परिकल्पना है। हम वायु के गुणधर्मों का अध्ययन कर सकते हैं—न केवल वायु में ध्वनि के संचरण का अवलोकन करके, बल्कि अनुसंधान के विभिन्न भौतिक व रासायनिक तरीकों से भी। लेकिन किसी रहस्यमय कारण से ईथर अधिकांश घटनाओं में कोई भाग नहीं लेता। वायु के घनत्व व दाब का सामान्य विधियों से भी बड़ी आसानी से पता लगाया जा सकता है। लेकिन बहुत प्रयत्न करने पर भी ईथर के घनत्व व दाब के बारे में कोई जानकारी नहीं मिली है।

बड़ी बेतुकी स्थिति है।

इच्छित गुणधर्मों वाले एक विशिष्ट द्रव की कल्पना करके निश्चय ही प्रकृति की सभी घटनाओं की "व्याख्या" की जा सकती है। लेकिन घटनाओं के प्रामाणिक सिद्धांत में और सर्वविदित तथ्यों पर आधारित वैज्ञानिक शब्दों के सामान्य पदन्वयन या भावानुवाद में स्पष्ट भेद यह है कि तथ्यों की अपेक्षा इन तथ्यों पर आधारित सिद्धांत से हमें बहुत-सी नई बातों की जानकारी मिलती है। उदाहरण के लिए, परमाणु की धारणा को लीजिए। विज्ञान में इस धारणा का प्रवेश रसायन-विज्ञान के जरिए हुआ, पर परमाणु संबंधी हमारी इस धारणा के आधार पर हम ऐसी बहुत-सारी घटनाओं की व्याख्या कर पाए, भविष्यवाणी कर पाए, जिनका संबंध रसायन-विज्ञान से नहीं है।

"ग्रामोफोन की जीवात्मा"

सही माने में ईथर की धारणा की तुलना ग्रामोफोन के बारे में किसी आदिवासी की धारणा के साथ की जा सकती है। आदिवासी की कल्पना होती है कि ग्रामोफोन के रहस्यमय बक्से में उसकी एक खास "जीवात्मा" छिपी रहती है।

इस प्रकार की "व्याख्याएं" कोई भी समस्या नहीं सुलझा सकतीं।

ईथर की कल्पना के पहले भौतिकविदों को इसी प्रकार का एक दुर्भाग्यपूर्ण अनुभव हुआ था। एक समय था जब उन्होंने दहन-क्रिया की घटनाओं की "व्याख्या" के लिए एक विशिष्ट किस्म के द्रव की कल्पना की और उसे "फ्लोजिस्टन" का नाम दिया। उसी प्रकार, ऊष्मा की घटनाओं की "व्याख्या" करने के लिए विशिष्ट गुणधर्मों वाले एक अन्य द्रव–"हेटोरोडे"–की कल्पना की। ये द्रव ईथर से कम भ्रांतिजनक नहीं थे।

कठिन परिस्थिति

लेकिन मुख्य कठिनाई इस तथ्य में निहित है कि प्रकाश के संचरण से गति की सापेक्षिकता के सिद्धांत का उल्लंघन होता है, तो अनिवार्य रूप से दूसरे सभी पिंडों द्वारा भी इस सिद्धांत का उल्लंघन होना चाहिए।

वास्तविकता यही है कि प्रत्येक माध्यम पिंडों की गति का प्रतिरोध करता है। इसलिए ईथर में पिंडों के संचरण का भी प्रतिरोध होना चाहिए। इस प्रतिरोध से पिंड की गति धीमी होनी चाहिए, और अंत में वह पिंड रुक जाना चाहिए, स्थिर अवस्था में पहुंच जाना चाहिए। लेकिन हम देखते हैं कि (भूवैज्ञानिक तथ्यों के

अनुसार) पृथ्वी पिछले कई अरब वर्षों से सूर्य की परिक्रमा करती आ रही है, पर कोई स्पष्ट सबूत नहीं मिलता कि (ईथर के साथ) घर्षण के कारण इसकी गति कुछ धीमी पड़ गई है।

इस प्रकार, एक गतिमान रेलगाड़ी में प्रकाश के विचित्र व्यवहार की, ईथर की मौजूदगी के जरिए, व्याख्या करने के प्रयत्न में हम भूलभुलैया में भटक गए हैं। ईथर से संबंधित धारणा प्रकाश द्वारा गति की सापेक्षिकता के सिद्धांत का उल्लंघन और दूसरी सभी गतियों द्वारा इसके पालन के बीच की असंगति को नहीं मिटा सकती।

फैसला प्रयोग से होगा

इस असंगति के बारे में क्या किया जाए? इसके पहले कि इसके बारे में हम अपने विचार प्रकट करें, आइए हम निम्न परिस्थिति पर विचार करें।

प्रकाश के संचरण और गति की सापेक्षिकता के सिद्धांत के बीच जो अंतर्विरोध प्रकट हुआ है उसे हमने पूर्णतः एक काल्पनिक प्रयोग के आधार पर प्राप्त किया है।

हम पुनः जोर देकर कहते हैं कि हमारा यह काल्पनिक प्रयोग बहुत ही तर्कपूर्ण था। लेकिन हम अपने को केवल तर्क तक ही सीमित रखते हैं, तो प्राचीन जगत के उस दार्शनिक के चेले बन जाएंगे जो प्रकृति के नियम अपने दिमाग से निकालने की कोशिश करता था। इस प्रकार अनुमानित विश्व में अनिवार्य खतरा यह है कि यह किसी भी दिन अवास्तविक सिद्ध हो सकता है।

प्रत्येक भौतिक सिद्धांत के लिए प्रयोग ही सबसे बड़ा निर्णायक होता है। इसलिए, यह जानने के लिए कि एक गतिमान रेलगाड़ी में प्रकाश का संचरण किस प्रकार होता है, हम अपने को केवल तर्क तक सीमित नहीं रखेंगे, बल्कि उन प्रयोगों का सहारा लेंगे जो स्पष्ट करेंगे कि इन परिस्थितियों में वास्तव में प्रकाश का संचरण किस प्रकार होता है।

इस प्रयोग में एक बड़ी सुविधा यह है कि हम स्वयं एक गतिमान पिंड पर निवास करते हैं। हमारी पृथ्वी सूर्य की परिक्रमा करती है। चूंकि पृथ्वी सीधी रेखा में गतिमान नहीं है, इसलिए यह किसी भी अन्य चौखट के सापेक्ष स्थायी रूप से स्थिर अवस्था में नहीं हो सकती।

यदि हम ऐसी कोई चौखट चुनते हैं जिसके सापेक्ष पृथ्वी जनवरी माह में स्थिर रहती है, तो भी जुलाई में यह निश्चित रूप से गतिमान रहेगी, क्योंकि सूर्य की परिक्रमा करते समय पृथ्वी की दिशा बदलती रहती है। इसलिए पृथ्वी पर प्रकाश

के संचरण के अध्ययन का अर्थ है—इसका एक ऐसी चौखट के भीतर अध्ययन करना जो 30 किलोमीटर प्रति सेकंड की गति से दौड़ती रहती है। यह गति हमारे प्रयोग के लिए काफी पर्याप्त है। पृथ्वी अपनी धुरी पर आधा किलोमीटर प्रति सेकंड की रफ्तार से चक्कर लगाती है; इस गति की उपेक्षा की जा सकती है।

पीछे जिस रेलगाड़ी की हमने चर्चा की है और जिसने हमें भूलभुलैया में भटका दिया है, क्या उसकी तुलना हमारी पृथ्वी के गोल के साथ करना उचित है? हमारी वह कल्पित रेलगाड़ी सीधी रेखा में और एकसमान वेग से दौड़ती है, जब कि पृथ्वी एक अंडाकार कक्षा में सूर्य की परिक्रमा करती है। फिर भी यह तुलना संभव है। हम मान सकते हैं कि प्रेक्षण के स्थलों से गुजरने में प्रकाश को एक सेकंड का जितना सूक्ष्मांश लगता है, उतने समय में पृथ्वी एकसमान वेग से सीधी रेखा में दौड़ती है। अंतर इतना सूक्ष्म होगा कि उसे खोज पाना भी संभव नहीं है।

लेकिन चूंकि हमने रेलगाड़ी की तुलना पृथ्वी के साथ की है, इसलिए यह आशा रखना एक स्वाभाविक बात है कि पृथ्वी पर भी प्रकाश का व्यवहार उसी प्रकार विचित्र होगा, जिस प्रकार हमने देखा है कि यह रेलगाड़ी में होता है। अर्थात्, प्रकाश का संचरण विभिन्न दिशाओं में विभिन्न वेगों से होगा।

आपेक्षिकता के सिद्धांत की विजय

ऐसा एक प्रयोग 19वीं सदी के एक महान प्रयोगकर्ता अल्बर्ट माइकेल्सन*

---

* अल्बर्ट अब्राहम माइकेल्सन (1852-1931 ई.) का जन्म प्रशिया (अब पोलैंड) के शल्ट्रेल्नो स्थान पर हुआ था। जब वह दो साल के थे तभी उनके माता-पिता अमरीका चले गए थे। अमरीका में अध्ययन और आरंभ में कुछ साल तक अध्यापन-कार्य करने के बाद माइकेल्सन प्रकाश के वेग पर शोधकार्य करने के लिए यूरोप पहुंचे। वहां जर्मनी में प्रकाश के वेग का सूक्ष्म मापन करने के प्रयास में उन्होंने इंटरफेरोमीटर (व्यतिकरणमापी) नामक एक उपकरण तैयार किया। यह उपकरण एक प्रकाश-पुंज को दो भागों में बांटता है, उन्हें अलग-अलग दिशाओं में भेजता है और फिर उन्हें एकसाथ लाता है। यदि वे दोनों पुंज समान दूरी को भिन्न वेगों से (या भिन्न दूरियों को समान वेग से) तय करते हैं, तो उन्हें पुनः एकसाथ लाने पर उनकी तरंगें बेमेल रहेंगी और परदे पर व्यतिकरण-धारियां प्रकट होंगी। माइकेल्सन ने इटरफेरोमीटर का प्रयोग यह जानने के लिए किया कि पृथ्वी की गति की दिशा में दौड़ रहा प्रकाश क्या पृथ्वी की सतह के समकोण में दौड़ रहे प्रकाश से कुछ धीमी गति से दौड़ता है? वस्तुतः यह प्रयोग “ईथर” के अस्तित्व को जानने

अल्बर्ट माइकेल्सन (1852-1931 ई.)
फोटो 1873 ई.

(1852-1931 ई.) ने सन् 1881 में किया। माइकेल्सन ने विभिन्न दिशाओं में प्रकाश के वेगों का अत्यंत सूक्ष्म मापन किया। प्रकाश के वेग में किंचित् भी अंतर खोजने के लिए माइकेल्सन ने एक अत्यंत सूक्ष्म और विलक्षण प्रायोगिक उपकरण का इस्तेमाल किया। उनके प्रयोग की शुद्धता इतनी अधिक थी कि वे प्रकाश के वेग में उम्मीद से बहुत कम अंतर खोजने में समर्थ थे।

माइकेल्सन के प्रयोग से, जिसे बाद में भिन्न-भिन्न परिस्थितियों में दोहराया गया, ऐसे परिणाम प्राप्त हुए जो आशा से एकदम विपरीत थे।* एक गतिमान चौखट में प्रकाश का संचरण, जैसी हमने उम्मीद की थी, उससे एकदम भिन्न होता है। माइकेल्सन ने पता लगाया कि परिक्रमा करनेवाली पृथ्वी पर प्रकाश का संचरण सभी दिशाओं में एकसमान वेग से होता है। इस संदर्भ में प्रकाश का संचरण हमें राइफल की गोली की उड़ान की याद दिलाता है : यह चौखट की गति से स्वतंत्र होता है, और चौखट की दीवारों के सापेक्ष सभी दिशाओं में इसका वेग समान होता है।

के लिए किया गया था। चूंकि माना गया था कि ईथर स्थिर है और पृथ्वी इसमें से गुजरती है, इसलिए पृथ्वी की गति की दिशा में दौड़ने वाला प्रकाश-पुंज, पृथ्वी की सतह के समकोण में दौड़ने वाले प्रकाश-पुंज की अपेक्षा, कुछ मंदगति रहेगा।

* माइकेल्सन ने पहली बार यह प्रयोग 1881 ई. में बर्लिन में किया। परिणाम नकारात्मक निकले, यानी दोनों प्रकाश-पुंजों के भिन्न वेगों से गतिमान होने के बारे में कोई सबूत नहीं मिला। प्रयोग को कई बार दोहराया गया, लेकिन नतीजे वही निकले। फिर **एडवर्ड मॉर्ली** (1838-1923 ई.) के सहयोग से 1887 ई. में अधिक सूक्ष्मता से प्रयोग किया गया, किंतु ईथर का कोई पता नहीं चला। अंत में प्रकाश के वेग की स्थिरता की व्याख्या के लिए अल्बर्ट आइंस्टाइन ने 1905 ई. में "आपेक्षिकता का विशिष्ट सिद्धांत" प्रतिपादित किया। अपने महान प्रयोग के लिए माइकेल्सन को 1907 ई. में भौतिकी का नोबेल पुरस्कार मिला। —*अनुवादक*

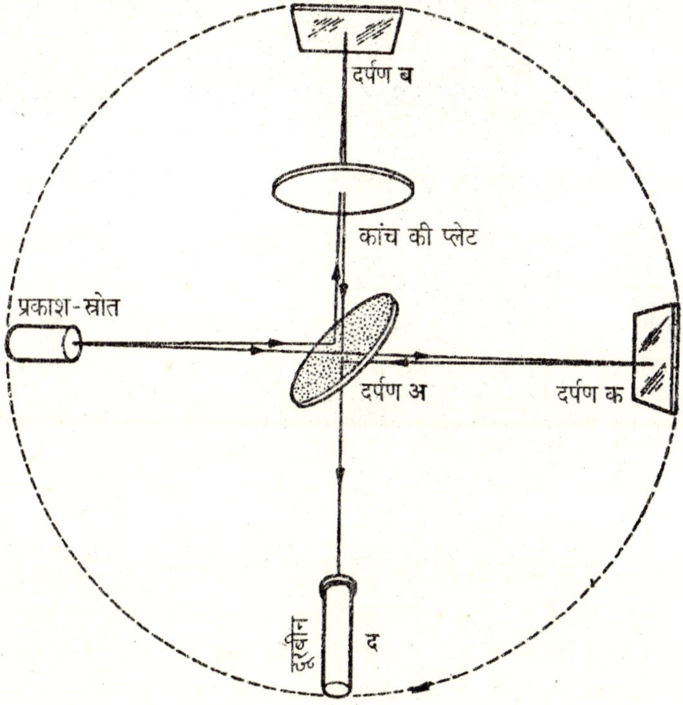

माइकेल्सन-मॉर्ली व्यतिकरणमापी (इंटरफेरोमीटर) नामक इस उपकरण में एक प्रकाश-स्रोत (ऊपर बाएं) से छोड़े गए पुंज को दर्पण **अ** द्वारा विभाजित करके उसी समय दो दिशाओं में भेजा जाता है। दर्पण **अ** के चेहरे पर अल्प मात्रा में चांदी पोती गई है, ताकि पुंज का एक अंश उसमें से गुजरकर दर्पण **क** तक पहुंच जाए और बाकी पुंज समकोण में परावर्तित होकर दर्पण **ब** की ओर जाए। तब दर्पण **क** और **ब** से परावर्तित होकर दे किरण-पुंज पुनः दर्पण **अ** पर पहुंचते हैं, जहां संयुक्त होकर वे दूरबीन **द** (प्रेक्षक) पर पहुंचते हैं। चूंकि पुंज **अकद** को परावर्तक दर्पण **अ** के चेहरे के पीछे कांच की मोटाई से तीन गुना मोटाई में से गुजरना पड़ा, इसलिए पुंज **अबद** के मार्ग में भी तीन गुना मोटी कांच की एक प्लेट रखी गई। समूचे उपकरण को विभिन्न दिशाओं में घुमाया गया, ताकि **अबद** और **अकद** पुंजों को परिकल्पित ईथर-धारा के साथ, उसके विरुद्ध और उसके समकोण में भेजा जा सके। यदि किसी भी पुंज का ईथर-धारा द्वारा त्वरण या मंदन होता, तो उसे दूरबीन **द** से देखा जा सकता था। परंतु किसी भी दिशा में प्रकाश-पुंजों के वेगों में किसी भी प्रकार का अंतर (व्यतिकरण) नहीं देखा गया। —*अनुवादक*

इस प्रकार, माइकेल्सन के प्रयोग ने, *हमारे अनुमान के विपरीत,* सिद्ध किया कि प्रकाश के संचरण की घटना गति की सापेक्षिकता के सिद्धांत का बिल्कुल खंडन नहीं करती, बल्कि इसका समर्थन करती है। अन्य शब्दों में, पृष्ठ 28 पर हमने जो तर्क दिए थे वे सभी गलत सिद्ध हुए।

गड्ढे से निकाला, कुएं में जा गिरा!

प्रकाश के संचरण के नियमों और गति की सापेक्षिकता के सिद्धांत के बीच के भारी अंतर्विरोध को हमने समाप्त कर दिया है। यह अंतर्विरोध केवल आभासात्मक था, हमारी गलत तर्कप्रणाली से पैदा हुआ था। यह गलती हमने कैसे की?

पूरी एक-चौथाई शताब्दी तक, सन् 1881 से 1905 तक, भौतिकविदों ने इस समस्या पर खूब माथापच्ची की। लेकिन उनकी सभी व्याख्याओं ने सिद्धांत और वास्तविकता के बीच अंततोगत्वा नए अंतर्विरोधों को ही जन्म दिया।

पतली छड़ों वाले कठघरे में यदि ध्वनि का स्रोत और प्रेक्षक, दोनों यात्रा करते हैं, तो प्रेक्षक तेज हवा का अनुभव करेगा। यदि इस कठघरे के सापेक्ष हम ध्वनि के वेग का मापन करते हैं, तो यह कठघरे की गति की दिशा में, विपरीत दिशा की अपेक्षा, कम होगा। लेकिन कल्पना कीजिए कि ध्वनि का स्रोत हम एक ऐसे वाहन में रखते हैं जिसके सभी दरवाजे और सभी खिड़कियां मजबूती से बंद कर दी गई हैं, और तब ध्वनि के वेग का मापन करते हैं। चूंकि इस स्थिति में वाहन के भीतर की हवा वाहन की गति से प्रभावित नहीं होगी, इसलिए इसके भीतर ध्वनि का वेग सभी दिशाओं में समान रहेगा।

यदि हम ध्वनि के स्थान पर प्रकाश को लेते हैं, तो माइकेल्सन के प्रयोग की व्याख्या के लिए हम यह अनुमान कर सकते हैं : अनुमान यह है कि पृथ्वी आकाश में यात्रा करते हुए ईथर को अविचलित नहीं छोड़ती, जैसा कि पतली छड़ों वाला कठघरा छोड़ता है। इसके विपरीत, हम कल्पना करेंगे कि पृथ्वी अपने साथ ईथर को बहा ले चलती है, और अपनी गति में यह ईथर के साथ संयुक्त रहती है। ऐसी स्थिति में हम माइकेल्सन के प्रयोग को भलीभांति समझ सकते हैं।

पर यह अनुमान अनेक प्रयोगों के विरोध में जाता है; जैसे, एक नलिका से बहनेवाले पानी में प्रकाश का संचरण। यदि पृथ्वी के साथ ईथर के गमन का हमारा अनुमान सही है, तो हम पानी के बहाव की दिशा में प्रकाश का जो वेग प्राप्त करेंगे, वह गतिरहित पानी में प्रकाश के वेग और पानी के बहाव के वेग के योग के बराबर होगा। परंतु वास्तविक मापनों से जो वेग हम प्राप्त करते हैं,

वह हमारे अनुमान पर आधारित वेग से कम होता है।

हम ईथर से गुजरते हुए किसी प्रकार के घर्षण का अनुभव न करनेवाले पिंडों की अत्यंत विचित्र घटनाओं का पहले ही उल्लेख कर चुके हैं। लेकिन वे पिंड न केवल ईथर से गुजरते हैं, बल्कि इसे अपने साथ बहा ले चलते हैं तो घर्षण अधिक होना चाहिए।

इस प्रकार, माइकेल्सन के प्रयोग के अप्रत्याशित परिणाम से जनित असंगति को दूर करने के सभी प्रयास असफल रहे।

सारांश

माइकेल्सन का प्रयोग, न केवल सामान्य पिंडों के लिए, बल्कि प्रकाश के संचरण के लिए भी गति की सापेक्षिकता के सिद्धांत की दुबारा पुष्टि करता है। अन्य शब्दों में, यह प्रयोग सभी प्राकृतिक घटनाओं के लिए इस सिद्धांत की पुष्टि करता है।

जैसा कि हमने देखा है, वेग की सापेक्षिकता सीधे गति की सापेक्षिकता के सिद्धांत से प्रतिपादित होती है। एक-दूसरे के सापेक्ष गतिमान विभिन्न चौखटों की गति भिन्न-भिन्न होनी चाहिए। लेकिन, दूसरी ओर, सभी चौखटों के लिए प्रकाश का वेग समान रहता है—3,00,000 किलोमीटर प्रति सेकंड। इसलिए यह निरपेक्ष है, सापेक्षिक नहीं।

आइजेक न्यूटन (1643-1727 ई.)

अध्याय 4
काल सापेक्षिक है

क्या इसमें सचमुच कोई असंगति है?

पहली नज़र में ऐसा जान पड़ेगा कि हम एक शुद्ध तार्किक विसंगति पर विचार कर रहे हैं। सभी दिशाओं में प्रकाश के वेग की समानता, सापेक्षिकता (आपेक्षिकता) के सिद्धांत के लिए पर्याप्त प्रमाण है; साथ ही, स्वयं प्रकाश का वेग निरपेक्ष है।

लेकिन याद कीजिए कि मध्ययुग का मानव इस तथ्य को किस प्रकार ग्रहण करता था कि पृथ्वी गोल है। वह सोचता था कि पृथ्वी का गोलत्व गुरुत्व-बल का विरोध करता है, क्योंकि उसका खयाल था कि तब सभी वस्तुओं को पृथ्वी की सतह से "अलग" लुढ़कना चाहिए। लेकिन हम भलीभांति जानते हैं कि इसमें कहीं कोई तार्किक विसंगति नहीं है। सिर्फ इतनी ही बात है कि "ऊपर" और "नीचे" की धारणाएं सापेक्षिक हैं, निरपेक्ष नहीं।

प्रकाश के संचरण की स्थिति भी ऐसी ही है।

गति की सापेक्षिकता के सिद्धांत और प्रकाश के वेग की निरपेक्षता के बीच किसी तार्किक विसंगति की खोज करना निरर्थक होगा। यह विसंगति अन्य अनुमानों के साथ प्रकट होती है, जैसा कि मध्ययुग के लोगों ने "ऊपर" और "नीचे" की धारणाओं को निरपेक्ष मानकर पृथ्वी के गोल होने का विरोध किया था। उनका यह गलत विश्वास अधूरे अनुभव पर आधारित था : उस समय के लोग लंबी यात्राएं बहुत कम करते थे और उन्हें केवल पृथ्वी की सतह के छोटे क्षेत्रों की ही जानकारी थी। स्पष्टतः, इसी प्रकार की बात हमारे साथ भी घटित हुई : हमारे अधूरे अनुभव के आधार पर ही हमने एक सापेक्ष चीज़ को निरपेक्ष मान लिया।

कौन-सी चीज़ है वह?

अपनी गलती को पकड़ने के लिए इसके आगे हम ऐसे किसी प्रस्ताव को स्वीकार नहीं करेंगे जो प्रयोग पर आधारित न हो।

एक रेलगाड़ी में यात्रा

एक ऐसी रेलगाड़ी की कल्पना कीजिए जो 54,00,000 किलोमीटर लंबी है और 2,40,000 किलोमीटर प्रति सेकंड के एकसमान वेग से एक सीधी रेखा में दौड़ रही है।

मान लीजिए कि एक निश्चित समय पर इस रेलगाड़ी के मध्यभाग में एक बत्ती जलाई जाती है। आगे और कल्पना कीजिए कि इस बत्ती का प्रकाश जैसे ही सबसे आगे के और सबसे पीछे के डिब्बों में पहुंचता है, वैसे ही इन डिब्बों के स्वचलित दरवाजे खुल जाते हैं। ऐसी स्थिति में रेलगाड़ी में यात्रा कर रहे लोग और स्टेशन के प्लेटफार्म पर खड़े लोग क्या दृश्य देखेंगे?

इस सवाल का उत्तर हम, जैसा कि हमने तय किया है, पूर्णतः प्रायोगिक तथ्यों के जरिए खोजेंगे।

रेलगाड़ी के मध्यभाग में यात्रा कर रहे लोग यह दृश्य देखेंगे : चूंकि, माइकेल्सन के प्रयोग के अनुसार, रेलगाड़ी के सापेक्ष प्रकाश का वेग सभी दिशाओं में समान रहेगा—3,00,000 किलोमीटर प्रति सेकंड रहेगा—इसलिए यह सामने और पीछे के डिब्बों में एकसाथ पहुंचेगा, 9 सेकंड बाद पहुंचेगा (27,00,000 ÷ 3,00,000 = 9), और दोनों डिब्बों के दरवाजे एकसाथ ही खुलेंगे।

स्टेशन के प्लेटफार्म के सापेक्ष भी प्रकाश की गति 3,00,000 किलोमीटर प्रति सेकंड ही रहेगी। पर पीछे का डिब्बा प्रकाश-पुंज से मिलने उसकी ओर बढ़ता है,

इसलिए सबसे पीछे के डिब्बे में प्रकाश-पुंज $\frac{27,00,000}{3,00,000+2,40,000}$ = 5 सेकंड बाद पहुंचेगा। प्रकाश-पुंज को सामने के डिब्बे तक पहुंचने के लिए उसके पीछे भागना होगा, इसलिए यह $\frac{27,00,000}{3,00,000-2,40,000}$ = 45 सेकंड बाद सामने के डिब्बे में पहुंचेगा।

प्लेटफार्म पर खड़े लोगों को जान पड़ेगा कि दोनों डिब्बों के दरवाजे भिन्न समयों पर खुलते हैं—सबसे पीछे के डिब्बे का दरवाजा पहले खुलता है, और सबसे आगे के डिब्बे का दरवाजा 45—5 = 40 सेकंड बाद खुलता है।

इस प्रकार, दो पूर्णतः एक-सी घटनाएं—रेलगाड़ी के सबसे आगे के और सबसे पीछे के दरवाजों के खुलने की घटनाएं—रेलगाड़ी में यात्रा कर रहे लोगों के लिए एकसाथ घटित होंगी, परंतु प्लेटफार्म पर खड़े लोगों के लिए 40 सेकंड के अंतराल से घटित होंगी।

"सामान्य बोध" के विपरीत

क्या इसमें कोई असंगति है? हमने जिस तथ्य की खोज की है वह संभवतः यह कहने के समान है कि एक घड़ियाल की लंबाई पूंछ से सिर तक दो मीटर है और सिर से पूंछ तक एक मीटर है।

आइए, हम कोशिश करें और देखें कि जो परिणाम हमने प्राप्त किया है वह बेतुका क्यों लगता है, बावजूद इसके कि प्रयोगों से इसकी पुष्टि होती है।

हम चाहे जितनी भी गहराई से क्यों न सोचें, हमें इस तथ्य में कोई तार्किक असंगति नहीं दिखाई देगी कि जो दो घटनाएं रेलगाड़ी में यात्रा कर रहे लोगों के अनुसार एकसाथ घटित होती हैं वे प्लेटफार्म पर खेड़े लोगों के अनुसार 40 सेकंड के अंतर से घटित होती हैं।

हम अपनी तसल्ली के लिए अधिक-से-अधिक इतना ही कह सकते हैं कि "सामान्य बोध" की दृष्टि से हमारे परिणाम एक बहुत बड़ी भद्दी असंगति हैं।

लेकिन याद कीजिए कि मध्ययुग के मानव के "सामान्य बोध" ने इस तथ्य के खिलाफ़ किस प्रकार विद्रोह किया था कि पृथ्वी, सूर्य की परिक्रमा करती है? दरअसल, मध्ययुगीन मानव का अनुभव उसे स्पष्ट रूप से बताता था कि पृथ्वी स्थिर है और सूर्य ही इसकी परिक्रमा करता है। और, क्या यह "सामान्य बोध" नहीं था कि हमें इस बेतुके प्रमाण के लिए "धन्यवाद" देना पड़ता है कि पृथ्वी गोल नहीं हो सकती? वास्तविक तथ्य के साथ "सामान्य बोध" के टकराव की एक प्रसिद्ध मज़ाक में हंसी उड़ाई गई है : एक पशु-पालक चिड़ियाघर देखने गया। जब उसने वहां एक ज़िराफ को देखा, तो वह चिल्ला उठा : "ऐसा कतई नहीं हो सकता!"

तथाकथित "सामान्य बोध" रोजमर्रा के जीवन में बनाई गई धारणाओं और आदतों के सारांश के सिवा और कुछ नहीं है।

यह "सामान्य बोध" हमारे अनुभव के स्तर की द्योतक हमारी समझ की एक निश्चित अवस्था का परिचायक है।

रेलगाड़ी में एक ही समय में घटित होनेवाली दो घटनाएं प्लेटफार्म से देखने पर 40 सेकंड के अंतर पर घटित होती हैं—इस स्थिति को महसूस करने और समझने में उसी प्रकार दिक्कत होती है, जिस प्रकार ज़िराफ को देखकर उसे समझने में पशु-पालक को दिक्कत हुई थी। जिस प्रकार पशु-पालक ने ज़िराफ को पहले कभी नहीं देखा था, उसी प्रकार हमने 2,40,000 किलोमीटर प्रति सेकंड के भीषण वेग के आसपास के वेग से कभी यात्रा नहीं की है। इसमें आश्चर्य की कोई बात नहीं है कि भौतिकवेत्ताओं को ऐसे भीषण वेगों का सामना करना पड़ता है, क्योंकि वे ऐसे तथ्यों का अवलोकन करते हैं जो हमारे रोजमर्रा के जीवन में अनुभव की जानेवाली चीज़ों से काफी भिन्न हैं।

माइकेल्सन के प्रयोग के अप्रत्याशित परिणाम ने भौतिकविदों के सामने नए तथ्य पेश किए और उन्हें, "सामान्य बोध" के विपरीत, स्पष्ट और साधारण जान

पड़नेवाली धारणाओं—जैसे, दो घटनाओं की समकालिकता की धारणा—का पुनः परीक्षण करने के लिए विवश किया।

"सामान्य बोध" के आधार पर नई घटनाओं को अस्वीकार करना सरल बात थी, लेकिन यदि हम वैसा करते तो उस पशु-पालक के समान होते जिसने ज़िराफ को अपनी आंखों से देखने पर भी उस पर यकीन नहीं किया।

काल की भी आकाश-जैसी ही नियति

विज्ञान तथाकथित "सामान्य बोध" का विरोध करने में नहीं हिचकिचाता। विज्ञान जिस चीज़ से सबसे अधिक घबराता है वह है—विद्यमान धारणाओं और नए प्रायोगिक तथ्यों के बीच पैदा होनेवाली असंगति। और, जब कभी ऐसी असंगति पैदा होती है, तब वह विद्यमान धारणाओं को चकनाचूर कर देती है और हमारे ज्ञान को एक नए स्तर पर ऊपर उठाती है।

हमने सोचा था कि दो समकालिक घटनाएं किसी भी चौखट के भीतर समकालिक होती हैं। लेकिन हमारे प्रयोग ने सिद्ध कर दिया कि हमारी यह धारणा गलत थी। यह धारणा केवल उसी स्थिति में सही है जब वे चौखटें एक-दूसरे के सापेक्ष स्थिर अवस्था में होती हैं। इसके विपरीत, यदि दो चौखटें एक-दूसरे के सापेक्ष गतिमान हैं, तो जो घटनाएं इनमें से एक चौखट में एक ही समय में घटित होती हैं उन्हें दूसरी चौखट में भिन्न समयों में घटित हुई मानना चाहिए। समकालिकता की धारणा सापेक्षिक बन जाती है; यह तभी सार्थक बनती है जब हम उस चौखट की गति स्पष्ट करते हैं जिसमें ये घटनाएं देखी जाती हैं।

कोणीय दूरियों की सापेक्षिकता के उन उदाहरणों को स्मरण कीजिए जिन्हें पृष्ठ 11 पर दिया गया है। मान लीजिए कि पृथ्वी से अवलोकन करने पर दो तारों के बीच कोणीय अंतर शून्य है, यानी वे तारे एक सीध में हैं। हमारे रोजमर्रा के अनुभव के आधार पर हम इस धारणा को कभी भी चुनौती नहीं दे पाएंगे कि यह एक निरपेक्ष सत्य है। लेकिन यदि हम सौर-मंडल के बाहर जाते हैं और अंतरिक्ष के किसी स्थल से उन्हीं दो तारों का अवलोकन करते हैं, तो भिन्न दृश्य नज़र आएगा। उन तारों के बीच कोणीय अंतर शून्य नहीं होगा, कुछ दूसरा ही होगा।

हमारे समय के लोगों को यह तथ्य बिल्कुल स्वाभाविक प्रतीत होता है कि पृथ्वी से जो दो तारे एक सीध में दिखाई देते हैं वे यदि अंतरिक्ष के अन्य स्थलों से देखे जाएं, तो एक सीध में नहीं रहेंगे। लेकिन मध्ययुग के मानव को, जिसकी कल्पना थी कि तारे आकाश के गुंबज पर छितरे हुए हैं, यह बात हास्यास्पद लगती।

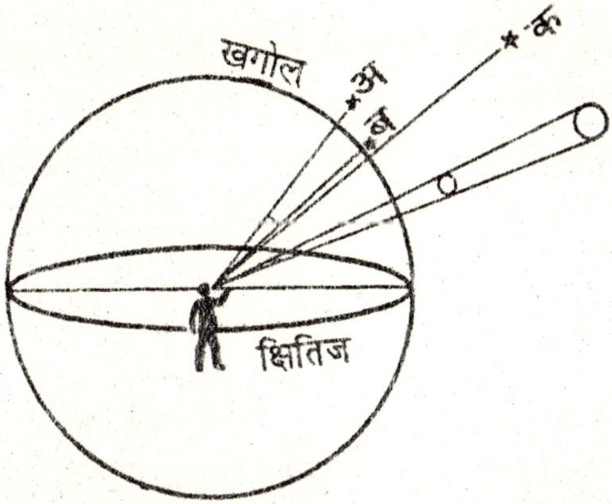

दृष्टिभ्रम : तारे ब और क एक-दूसरे से काफी दूर होने पर भी नजदीक नजर आते हैं। इसके विपरीत, तारे अ और ब एक-दूसरे के नजदीक हैं, मगर दूर नजर आते हैं।

मान लीजिए कि हमें सवाल पूछा जाता है—बावजूद सभी प्रकार की चौखटों के, क्या वे दो घटनाएं सचमुच एक समय में घटित हुई हैं? दुर्भाग्य से, यह सवाल उसी प्रकार निरर्थक है जिस प्रकार यह सवाल कि—बावजूद सभी अवलोकन-स्थलों के, क्या वे दो तारे सचमुच एक सीध में हैं? तथ्य यह है कि समकालिकता उसी प्रकार, न केवल उन दो घटनाओं पर, बल्कि उस चौखट पर भी आश्रित है जहां से हम उनका अवलोकन करते हैं, जिस प्रकार दो तारों का एक सीध में होना, न केवल उनकी स्थिति पर, बल्कि उस स्थल पर भी निर्भर करता है जहां से उन्हें देखा गया है।

जब तक आदमी का सरोकार ऐसी गतियों से रहा जो प्रकाश के वेग की तुलना में नगण्य थीं, तब तक समकालिकता की धारणा की सापेक्षिकता की उसे जानकारी नहीं थी। जब हम प्रकाश के वेग के तुल्य गतियों का अध्ययन करने लगे, तभी हम समकालिकता की धारणा का पुनरीक्षण करने के लिए विवश हुए।

उसी प्रकार, जब लोग पृथ्वी के घेरे के तुल्य दूरियों की यात्राएं करने लगे, तो उन्हें "ऊपर" और "नीचे" की अपनी धारणाएं बदलनी पड़ीं। उसके पहले पृथ्वी के सपाट होने की धारणा, वास्तव में, अनुभव का विरोध नहीं करती थी।

यह सच है कि हम प्रकाश के वेग के तुल्य वेग से यात्रा करने में समर्थ नहीं हैं और उन सभी तथ्यों का अवलोकन नहीं कर सकते जिनकी हमने अभी चर्चा की है और जो हमारी पुरानी धारणाओं की दृष्टि से विरोधाभासी हैं। पर आधुनिक प्रायोगिक तकनीकों से हम अनेक भौतिक घटनाओं में इन तथ्यों को निर्णायक रूप से दरशाने में समर्थ हैं।

इस प्रकार, काल की नियति भी आकाश-जैसी ही है! "उसी एक काल में" शब्द उसी प्रकार निरर्थक हैं, जिस प्रकार "उसी एक स्थल पर" शब्द।

दो घटनाओं के बीच के काल के अंतर के साथ-साथ, आकाश में उनके बीच के अंतर की तरह, उस चौखट का भी उल्लेख अनिवार्य है जिसके सापेक्ष उन्हें निर्धारित किया गया है।

विज्ञान की विजय

काल की सापेक्षिकता की खोज से प्रकृति संबंधी मानव की धारणाओं में आमूल परिवर्तन हुआ है। यह सदियों पुरानी पिछड़ी धारणाओं पर मानव-मस्तिष्क की एक महानतम विजय है। इसकी तुलना पृथ्वी के गोल होने की खोज से मानव की धारणाओं में हुए क्रांतिकारी परिवर्तनों से ही की जा सकती है।

काल की सापेक्षिकता की खोज 20वीं सदी के महानतम भौतिकविद अल्बर्ट आइंस्टाइन (1879-1955 ई.) ने सन् 1905 में की। उस समय उनकी आयु 26 साल की थी। इस खोज ने उन्हें कोपर्निकस, न्यूटन और इसी कोटि के दूसरे महान पथप्रदर्शक वैज्ञानिकों की पंक्ति में स्थान दिलाया।

अल्बर्ट आइंस्टाइन

लेनिन ने अल्बर्ट आइंस्टाइन को "विज्ञान का एक महान परिवर्तक" कहा है।

काल की सापेक्षिकता का सिद्धांत और इसके उपसिद्धांत आमतौर पर "आपेक्षिकता का विशिष्ट सिद्धांत" के नाम से जाने जाते हैं। इसे गति की सापेक्षिकता के सिद्धांत के साथ नहीं उलझाना चाहिए।

वेग की सीमा है

दूसरे विश्वयुद्ध (1939-45 ई.) के पहले हवाई जहाजों की गति ध्वनि की गति से काफी कम थी। आज हमारे पास पराध्वनिक यानी ध्वनि से भी अधिक रफ़्तार वाले हवाई जहाज हैं। रेडियो-तरंगों का संचरण प्रकाश के वेग से होता है। क्या हम प्रकाश के वेग से अधिक उच्च्च वेगों से संकेत भेजनेवाली किसी "पराप्रकाश" टेलीग्राफ-प्रणाली का निर्माण कर सकते हैं? नहीं, ऐसी किसी चीज़ का निर्माण असंभव है।

दरअसल, यदि हमारे लिए अनंत वेगों से संकेत भेजना संभव हो, तो हम किन्हीं भी दो घटनाओं की समकालिकता पर्याय से सिद्ध कर सकते हैं। यदि पहली घटना से संबंधित अनंत वेग वाला संकेत ठीक उसी समय पहुंचता है जिस समय दूसरी घटना का संकेत पहुंचता है, तो हम कहेंगे कि दोनों घटनाएं एक ही समय में घटित हुई हैं। इस प्रकार, दो घटनाओं की समकालिकता, इस कथन से संबंधित चौखट की गति से स्वतंत्र, निरपेक्ष स्वरूप प्राप्त करती।

लेकिन, चूंकि प्रयोगों से काल का निरपेक्ष स्वरूप असत्य सिद्ध होता है, हम इस परिणाम पर पहुंचते हैं कि संकेत-प्रसारण तत्काल संभव नहीं है। अंतरिक्ष में एक स्थल से दूसरे स्थल तक प्रसारण का वेग अनंत नहीं हो सकता। अन्य शब्दों में, यह एक परिमित मान से, जिसे 'परिसीमित गति' कहते हैं, अधिक नहीं हो सकता।

यह परिसीमित गति प्रकाश के वेग के साथ मेल खाती है।

दरअसल, गति की सापेक्षिकता के सिद्धांत के अनुसार, प्रकृति के नियम एक-दूसरे के सापेक्ष (एक सीधी रेखा में एकसमान वेग से) गतिमान सभी निर्देश-ढांचों के लिए एक-से रहेंगे। यह दृढ़ कथन भी कि कोई भी वेग सीमा-वेग से अधिक नहीं हो सकता, प्रकृति का नियम है। इसलिए सीमा-गति का मान विभिन्न निर्देश-ढांचों में ठीक एक-सा होना चाहिए। जैसा कि हम जानते हैं, प्रकाश के वेग के गुणधर्म एक-से हैं। इस प्रकार, प्रकाश का वेग महज प्राकृतिक घटनाओं के संचरण का वेग नहीं है। यह सीमा-वेग होने की महत्वपूर्ण भूमिका अदा करता है।

विश्व में सीमा-वेग के अस्तित्व की खोज मानव मस्तिष्क और मानव की प्रायोगिक क्षमता की एक महानतम विजय है।

सापेक्षिकता के सिद्धांत से प्रकट होता है कि सीमा-वेग का अस्तित्व वस्तुओं के अपने स्वभाव में ही निहित है। यह कल्पना कि तकनीकी विकास से हम प्रकाश के वेग से अधिक वेगों को प्राप्त करने में समर्थ होंगे, उसी प्रकार हास्यास्पद है जिस प्रकार यह सुझाव कि पृथ्वी की सतह पर 20 हजार किलोमीटर के अंतर से अधिक अंतर के स्थलों का न होना एक भौगोलिक नियम नहीं है, बल्कि हमारे सीमित ज्ञान का परिणाम है, और यह आशा रखना कि किसी दिन, जब भूगोल-विज्ञान काफी उन्नति कर लेगा, हम पृथ्वी पर ऐसे स्थल खोजने में समर्थ होंगे जिनके बीच इससे भी अधिक अंतर है।*

---

* पृथ्वी का गोल घेरा लगभग 40 हजार किलोमीटर है, इसलिए इसकी सतह पर 20 हजार से अधिक अंतर वाले स्थल नहीं हो सकते। —*अनुवादक*

प्रकाश का वेग प्रकृति में ऐसी असाधारण भूमिका अदा करता है, तो इसका वास्तविक कारण यह है कि यह हर वस्तु के संचरण के लिए सीमा-वेग है। प्रकाश या तो सभी घटनाओं से आगे रहता है, या कम-से-कम उनके साथ-साथ पहुंचता है।

यदि सूर्य के दो टुकड़े होकर इसके दो तारे बन जाते हैं, तो इस घटना का, स्पष्ट है कि, पृथ्वी की गति पर भी प्रभाव पड़ेगा।

उन्नीसवीं सदी के भौतिकविद, जो नहीं जानते थे कि प्रकृति में सीमा-वेग का अस्तित्व है, निश्चित रूप से कल्पना करेंगे कि सूर्य के दो टुकड़े होने के साथ ही पृथ्वी ने तत्काल अपनी गति बदल दी। पर वास्तविकता यह है कि सूर्य के विखंडन के समय से प्रकाश को पृथ्वी तक पहुंचने में पूरे आठ मिनट लगेंगे।

सूर्य के विखंडन के आठ मिनट बाद पृथ्वी की घूर्णन-गति में परिवर्तन आरंभ होगा। तब तक पृथ्वी ऐसी घूमती रहेगी मानो सूर्य का विखंडन नहीं हुआ हो। सूर्य पर या इसके साथ जो कुछ भी घटित हो, उसका प्रभाव पृथ्वी पर या इसकी गति पर आठ मिनटों के बाद ही पड़ेगा।

संकेत-संचरण का सीमा-वेग हमें दो घटनाओं की समकालिकता स्थापित करने की संभावना से वंचित नहीं रखता। हमें सिर्फ यही नोट करना होगा कि संकेत कितने समय बाद पहुंचा है। सामान्य तरीका यही है।

घटना की समकालिकता निश्चित करने का यह तरीका इस धारणा की सापेक्षिकता के बिल्कुल अनुकूल है। दरअसल, काल के बीच के अंतर को घटाने के लिए उन दो स्थलों के बीच के अंतर को, जहां वे घटनाएं घटित हुई हैं, प्रकाश-संकेत के वेग से भाग देना जरूरी है। दूसरी ओर, जब हमने मास्को-व्लादीवोस्तोक एक्सप्रेस रेलगाड़ी से पत्र भेजने की स्थिति पर विचार किया, तो हमने देखा कि आकाश (दिक्) में किसी स्थल की स्थिति भी बिल्कुल सापेक्षिक है।

पहले और बाद में

कल्पना कीजिए कि बत्ती वाली हमारी रेलगाड़ी में, जिसे हम 'आइंस्टाइन रेलगाड़ी' का नाम देंगे, स्वचलित उपकरण बिगड़ गया है, और रेलगाड़ी में यात्रा कर रहे लोगों ने देखा कि सबसे आगे के डिब्बे का दरवाजा सबसे पीछे के डिब्बे के दरवाजे के 15 मिनट पहले खुला है। दूसरी तरफ, स्टेशन के प्लेटफार्म पर खड़े लोग देखेंगे कि सबसे पीछे के डिब्बे का दरवाजा 40-15 = 25 सेकंड पहले खुला है। जो घटना एक चौखट के अनुसार पहले घटित हुई, वही घटना दूसरी चौखट के अनुसार बाद में घटित हुई।

हम सोचेंगे कि "पहले" और "बाद में" की धारणाओं की सापेक्षिकता की

सीमाएं होनी चाहिए। किसी भी प्रकार (किसी भी ढांचे की दृष्टि से) यह संभव नहीं है कि किसी बच्चे का जन्म उसकी मां के जन्म के पहले हुआ है।

कल्पना कीजिए कि सूर्य पर एक कलंक या धब्बे का निर्माण होता है। दूरबीन से सूर्य का अवलोकन करनेवाला खगोलविद आठ मिनट बाद उस कलंक की खोज करता है। उसके बाद वह खगोलविद जो कुछ भी करता है, वह कलंक के प्रकट होने के पूर्णतः बाद में होगा—किसी भी ऐसे ढांचे की दृष्टि से "बाद में" जहां से सूर्य और उस खगोलविद को देखा गया हो। इसके विपरीत, कलंक के प्रकट होने के आठ मिनट पहले उस खगोलविद के साथ जो कुछ भी घटित होगा (कलंक के प्रकट होने के पहले पृथ्वी पर पहुंचनेवाले उस घटना के प्रकाश-संकेत) वह पूर्णतः पहले घटित होता है।

उदाहरण के लिए, यदि वह खगोलविद इन दो सीमाओं के बीच के किसी क्षण में अपना चश्मा पहनता है, तो कलंक के प्रकट होने और चश्मा चढ़ाने के बीच का काल-संबंध निरपेक्ष नहीं होगा।

हम खगोलविद और सूर्य-कलंक के सापेक्ष इस प्रकार गतिमान हो सकते हैं कि हमारी गति और उसकी दिशा के अनुसार, हम खगोलविद को चश्मा चढ़ाते हुए सूर्य-कलंक के प्रकट होने के पहले या बाद में या उसके साथ-साथ ही देख सकें।

इस प्रकार, सापेक्षिकता (आपेक्षिकता) का सिद्धांत घटनाओं के बीच विद्यमान तीन प्रकार के काल-संबंधों को प्रमाणित करता है—पूर्णतः पहले, पूर्णतः बाद में और न पहले न बाद में; अथवा, अधिक सही रूप में कहें तो, जहां से घटनाओं का अवलोकन किया गया है उस निर्देश-ढांचे के अनुसार, पहले या बाद का संबंध।

माक्स प्लांक (1858-1947 ई.)

अध्याय 5

मनमौजी घड़ियां और मापनियां

पुनः उसी रेलगाड़ी में यात्रा

हम एक अंतहीन रेलमार्ग पर दौड़नेवाली 'आइंस्टाइन रेलगाड़ी' में यात्रा कर रहे हैं। दो स्टेशनों के बीच 86,40,00,000 किलोमीटर अंतर है। 2,40,000 किलोमीटर प्रति सेकंड के वेग से दौड़नेवाली रेलगाड़ी यह अंतर एक घंटे (3600 सेकंडे) में तय करेगी।

दोनों स्टेशनों पर घड़ियां टंगी हैं। पहले स्टेशन पर गाड़ी में सवार होनेवाला एक यात्री उस स्टेशन की घड़ी के अनुसार अपनी घड़ी ठीक कर लेता है। दूसरे स्टेशन पर पहुंचकर वह यह देखकर चकित रह जाता है कि उसकी घड़ी पीछे रह गई है। घड़ीसाज़ ने उसे बताया था कि उसकी घड़ी ठीक हालत में है।

तब क्या बात हुई?

यह जानने के लिए, कल्पना कीजिए कि वह यात्री डिब्बे के फर्श पर रखे हुए बिजली के एक टॉर्च से छत की ओर एक किरण-पुंज भेजता है। छत से जुड़ा हुआ एक शीशा उस किरण-पुंज को टॉर्च की ओर वापस भेजता है।

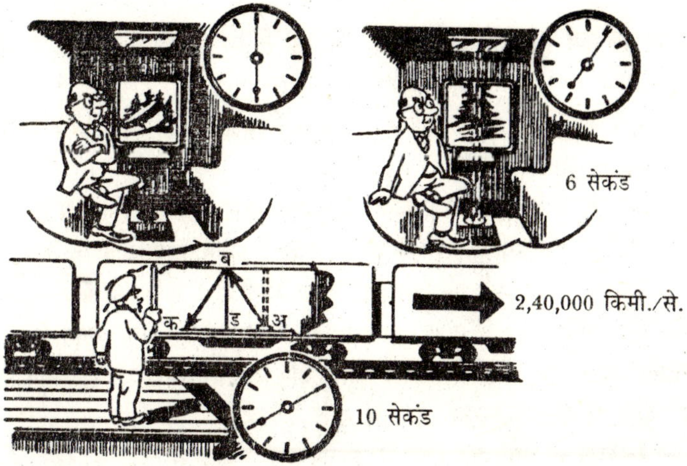

यात्री उस किरण-पुंज के पथ को जिस प्रकार देखेगा, उसे इस पृष्ठ पर दिए गए चित्र के ऊपरी हिस्से में दिखाया गया है। प्लेटफार्म पर खड़े प्रेक्षक को यह बिल्कुल भिन्न रूप में दिखाई देगा। टॉर्च से शीशे तक पहुंचने में किरण-पुंज को जो समय लगेगा उस अवधि में, रेलगाड़ी की गति के कारण, शीशा आगे पहुंच जाएगा। किरण-पुंज को शीशे से टॉर्च तक वापस लौटने में लगनेवाली अवधि में टॉर्च भी उतना ही आगे सरक जाएगा।

हम देखते हैं कि रेलगाड़ी के यात्रियों की अपेक्षा प्लेटफार्म पर खड़े प्रेक्षकों की दृष्टि से प्रकाश-पुंज ने स्पष्ट रूप से अधिक रास्ता तय किया है। दूसरी ओर, हम जानते हैं कि प्रकाश का वेग एक निरपेक्ष वेग है, और यह रेलगाड़ी के यात्रियों के लिए और प्लेटफार्म पर खड़े प्रेक्षकों के लिए समान है। इसलिए हम इस परिणाम पर पहुंचते हैं कि प्रकाश-पुंज को टॉर्च से चलने के बाद छत से पुनः टॉर्च तक लौट आने में जो समय लगा है वह स्टेशन के प्रेक्षक की दृष्टि से, रेलगाड़ी के यात्री की दृष्टि की अपेक्षा, अधिक है।

इस समूचे संबंध की आसानी से गणना की जा सकती है। मान लीजिए कि प्लेटफार्म पर खड़े प्रेक्षक के अनुसार प्रकाश-पुंज के आरंभकाल से लेकर इसके पुनः टॉर्च तक लौट आने में 10 सेकंड का समय गुजरा है। इन 10 सेकंडों में प्रकाश-पुंज ने 3,00,000 × 10 = 30,00,000 किलोमीटर की यात्रा की है। इससे स्पष्ट होता है कि ऊपर के चित्र के समद्विबाहु त्रिभुज **अबक** की प्रत्येक **अब** और **बक** भुजा 15,00,000 किलोमीटर लंबी है। यह भी स्पष्ट है कि

अक दूरी उस दूरी के बराबर है जो रेलगाड़ी ने 10 सेकंडों में तय की है; अर्थात्, 2,40,000 × 10 = 24,00,000 किलोमीटर।

अब उस डिब्बे की ऊंचाई, जो अबक त्रिभुज की ऊंचाई बड के बराबर है, आसानी से जानी जा सकती है।

हम जानते हैं कि एक समकोण त्रिभुज में कर्ण अब का वर्ग शेष दो भुजाओं अड और बड के वर्गों के योग के बराबर होता है। समीकरण $अब^2 = अड^2 + बड^2$ से हमें डिब्बे की ऊंचाई की जानकारी मिल जाती है : $ड = \sqrt{(अब^2 - अड^2)} = \sqrt{(15,00,000^2 - 12,00,000^2)} = 9,00,000$ किलोमीटर। एक रेलगाड़ी के लिए इतनी ऊंचाई बहुत अधिक है, लेकिन हमारी 'आइंस्टाइन रेलगाड़ी' की खगोलीय विमाओं की दृष्टि से इसमें आश्चर्य की कोई बात नहीं है।

रेलगाड़ी के यात्री की दृष्टि से प्रकाश-पुंज ने टॉर्च से डिब्बे की छत और छत से पुनः टॉर्च तक जो दूरी तय की है वह स्पष्ट रूप से डिब्बे की ऊंचाई से दुगुनी है, यानी 2 × 9,00,000 = 18,00,000 किलोमीटर है। प्रकाश की किरणें इतनी दूरी 18,00,000 ÷ 3,00000 = 6 सेकंड में तय करेंगी।

घड़ी का विरोधाभास

रेलवे-स्टेशन पर जहां 10 सेकंड गुजरे, वहां रेलगाड़ी में सिर्फ 6 सेकंड गुजरे। इसका अर्थ यह हुआ कि पिछले स्टेशन से छूटने के बाद, स्टेशन की घड़ी के अनुसार, रेलगाड़ी एक घंटे बाद पहुंची है, तो रेलगाड़ी के यात्री की अपनी घड़ी के अनुसार इसने केवल 60 × (6 ÷ 10) = 36 मिनट की ही यात्रा की है। अन्य शब्दों में, एक घंटे की अवधि में उस यात्री की घड़ी स्टेशन की घड़ी से 24 मिनट पीछे रह गई।

यहां यह स्पष्ट रूप से देखा जा सकता है कि रेलगाड़ी की गति जितनी अधिक होगी, समय का यह अंतर भी उतना ही अधिक होगा।

दरअसल, रेलगाड़ी का वेग जितना ही ज्यादा प्रकाश के वेग के नजदीक पहुंचेगा, उतनी ही रेलगाड़ी के पथ को दरशानेवाली अड भुजा, उतने ही समय में, प्रकाश-पुंज द्वारा तय की गई दूरी को दरशानेवाले अब कर्ण के बराबर पहुंच जाएगी। तदनुसार ही बड भुजा का कर्ण के साथ संबंध घटता जाएगा। लेकिन यही संबंध रेलगाड़ी और प्लेटफार्म के बीच के काल-संबंध को व्यक्त करता है। रेलगाड़ी की गति को प्रकाश की गति के नजदीक पहुंचाकर हम स्टेशन के समय के प्रत्येक घंटे के तुल्य रेलगाड़ी के समय का मान अत्यंत अल्प संख्या पर पहुंचा

दे सकते हैं। उदाहरण के लिए, रेलगाड़ी की गति प्रकाश की गति के 0.9999 बराबर हो जाए, तो स्टेशन की एक घंटे की अवधि के दौरान रेलगाड़ी में सिर्फ एक मिनट का ही समय गुजरेगा।

इस तरह, सभी गतिमान घड़ियां स्थिर अवस्था वाली घड़ियों से पीछे रह जाती हैं। क्या यह स्थिति उस आपेक्षिकता के सिद्धांत के विरोध में जाती है जिससे हमने अपनी चर्चा शुरू की थी?

क्या इसका यह अर्थ होगा कि जो घड़ी अन्य सभी घड़ियों से तेज़ चलती है, वह निरपेक्ष स्थिर अवस्था में है?

नहीं, ऐसी स्थिति नहीं है; क्योंकि रेलगाड़ी की घड़ी और स्टेशन की घड़ी के बीच तुलना पूर्णतः असमान परिस्थितियों में की गई थी। दरअसल, वहां दो नहीं, तीन घड़ियां थीं। रेलगाड़ी के यात्री ने अपनी घड़ी का मिलान दो स्टेशनों की दो भिन्न घड़ियों के साथ किया था। दूसरी ओर, यदि रेलगाड़ी के सबसे आगे के और सबसे पीछे के डिब्बों में घड़ियां होतीं, तो स्टेशन की घड़ी के साथ दौड़ती रेलगाड़ी की घड़ियों की तुलना करने पर प्रेक्षक देखेगा कि स्टेशन की घड़ी हमेशा पीछे रहती है।

यदि रेलगाड़ी स्टेशन के सापेक्ष एक सीधी रेखा में एकसमान वेग से दौड़ती है, तो हम यह भी मान सकते हैं कि रेलगाड़ी स्थिर है और स्टेशन दौड़ रहा है। इन दोनों पर प्रयुक्त होनेवाले प्रकृति के नियम समान होने चाहिए।

जो कोई भी प्रेक्षक अपनी घड़ी के सापेक्ष गतिहीन है, वह देखेगा कि जो अन्य

घड़ियां उसके सापेक्ष गतिमान हैं, वे तेज चल रही हैं, और उनकी रफ़्तार जितनी बढ़ेगी उतनी ही उनकी घड़ियां तेज चलेंगी।

इस स्थिति की तुलना हम दो भिन्न टेलीग्राफ खंभों के पास खड़े दो प्रेक्षकों की स्थिति से कर सकते हैं। प्रत्येक प्रेक्षक यह दावा करेगा कि जिस खंभे के पास वह खड़ा है, उसे वह दूसरे प्रेक्षक के समीप के खंभे की अपेक्षा बड़े कोण में देख रहा है।

काल की मशीन

अब, कल्पना कीजिए कि 'आइंस्टाइन रेलगाड़ी', एक सीधी रेखा में नहीं, बल्कि एक वृत्ताकार रेलमार्ग पर दौड़ती है। तब यह रेलगाड़ी एक निश्चित समय के बाद पुनः अपने आरंभ-स्थान पर लौट आएगी। जैसा कि हमने प्रस्थापित किया है, यात्री देखेगा कि उसकी घड़ी मंद है, और रेलगाड़ी जितनी तेज दौड़ेगी उसकी घड़ी उतनी ही मंद रहेगी। रेलगाड़ी की रफ़्तार को बढ़ाने पर हम ऐसी स्थिति पर पहुंचेंगे कि जहां यात्री के हिसाब से केवल एक घंटा गुजरता है, वहां स्टेशन-मास्टर के हिसाब से कई साल गुजर जाएंगे। दरअसल, स्टेशन पर इतने अधिक साल गुजर सकते हैं कि वह यात्री (अपनी घड़ी के अनुसार) एक दिन की यात्रा के बाद स्टेशन पर वापस लौटकर जानेगा कि उसके सभी दोस्त और रिश्तेदार कभी के गुजर चुके हैं!

इस वृत्ताकार रेलयात्रा के दौरान केवल दो ही घड़ियों के समय की तुलना की गई है—रेलगाड़ी की घड़ी और उस स्टेशन की घड़ी जहां से प्रस्थान किया गया है।

क्या इसमें ऐसी कोई बात है जो आपेक्षिकता के सिद्धांत के विरुद्ध जाती है? क्या हम ऐसा सोच सकते हैं कि यात्री स्थिर अवस्था में है और स्टेशन ही 'आइंस्टाइन रेलगाड़ी' की रफ़्तार से वृत्ताकार मार्ग में दौड़ रहा है? तब हम इस परिणाम पर पहुंचेंगे कि स्टेशन के लोगों के हिसाब से केवल एक दिन का समय गुजरेगा, जबकि रेलगाड़ी के यात्रियों के हिसाब से अनेक साल गुजर जाएंगे।

यह निष्कर्ष गलत होगा। कारण यह है :

हमने पीछे प्रस्थापित किया है कि किसी पिंड को तभी स्थिर माना जा सकता है जब उस पर किसी बाह्य बल का प्रभाव न हो। यह सच है कि एक नहीं, बल्कि अनेक स्थिर अवस्थाओं का अस्तित्व है। दरअसल, अनगिनत स्थिर अवस्थाएं हैं। और, जैसा कि हम जानते हैं, दो स्थिर पिंड एक-दूसरे के सापेक्ष सीधी रेखा में एकसमान वेग से गतिमान हो सकते हैं। पर वृत्ताकार मार्ग में दौड़नेवाली

'आइंस्टाइन रेलगाड़ी' की घड़ी पर अपकेंद्री बल का प्रभाव पड़ता है, इसलिए इसे हम स्थिर अवस्था में नहीं मान सकते। स्टेशन की घड़ी और रेलगाड़ी की घड़ी के समयों में प्रकट होनेवाला अंतर निरपेक्ष है।

यदि दो ऐसे व्यक्ति जिनकी घड़ियां एक ही समय दरसाती हैं, एक-दूसरे से दूर जाकर पुनः मिलते हैं, तो उस व्यक्ति की घड़ी, जो स्थिर अवस्था में था या सीधी रेखा में एकसमान वेग से गतिमान था, तेज रहेगी, क्योंकि उसने किसी प्रकार के बाह्य बल के प्रभाव को नहीं झेला है।

प्रकाश के वेग के नजदीक के वेग से वृत्ताकार मार्ग में दौड़नेवाली रेलगाड़ी की यात्रा हमें **एच. जी. वेल्स*** द्वारा कल्पित 'काल की मशीन' को समझने में, यद्यपि सीमित रूप में ही, मदद देती है। क्योंकि, यात्रा के अंत में उसी स्टेशन पर उतरने पर हम बहुत आगे के भविष्य में पहुंच जाएंगे। उस रेलगाड़ी से हम भविष्य में तो पहुंच सकते हैं, पर अपने अतीत में नहीं लौट सकते। 'आइंस्टाइन रेलगाड़ी' और वेल्स की काल-मशीन में यही बड़ा अंतर है।

विज्ञान चाहे कितनी भी उन्नति क्यों न करे, यह आशा रखना व्यर्थ है कि हम कभी-न-कभी अतीत में भी यात्रा कर पाएंगे। यदि ऐसा संभव होगा, तो हमें मजबूरन स्वीकार करना होगा कि सैद्धांतिक रूप से पूर्णतः असंगत परिस्थितियां भी संभव हैं। कल्पना कीजिए कि हम अतीत की यात्रा करते हैं और अपने को एक ऐसे व्यक्ति के सामने पाते हैं जिसके माता-पिता का अभी जन्म ही नहीं हुआ है!

---

* **हर्बर्ट जॉर्ज वेल्स** (1866-1946 ई.) का जन्म इंग्लैंड में हुआ था। बी. एस-सी. करने के बाद वे अध्यापक बने और सर्वप्रथम जीव-विज्ञान की एक पाठ्य-पुस्तक लिखी। वेल्स का विश्वास था कि विज्ञान के इस्तेमाल से ही प्रगति संभव है। उन्होंने विज्ञान, वैज्ञानिक कथानक, विश्व-इतिहास आदि अनेक विषयों की पुस्तकें लिखीं और अपने समय के एक बहुत प्रभावशाली लेखक बन गए। जनसामान्य के लिए वैज्ञानिक लेखन करने वाले वे एक आरंभिक अंग्रेज थे। उनका प्रसिद्ध वैज्ञानिक उपन्यास **द टाइम मशीन** (काल की **मशीन**) 1895 ई. में प्रकाशित हुआ।

"काल की मशीन" काल में यात्रा करने वाला ऐसा कथानक है जिसमें पहली बार वैज्ञानिक साधनों का आश्रय लिया गया है, हालांकि विज्ञान को कहीं स्पष्ट नहीं किया गया है और कारण-कार्य संबंध का भी उल्लंघन होता है। "काल की मशीन" में वेल्स ने काल-प्रवाह की कल्पना नदी के प्रवाह के रूप में की है। काल-यात्री भविष्य में अधिकाधिक दूरी तक यात्रा करते जाकर लगभग विश्व-सीमांत तक पहुंचता है और फिर वापस लौटता है। किंतु काल-नदी के प्रवाह में कोई बदल नहीं होता।—*अनुवादक*

भविष्य की यात्रा में जो असंगतियां प्रकट होती हैं, वे केवल आभासी असंगतियां हैं।

एक तारे तक की यात्रा

आकाश के अनेक तारे हमसे इतनी दूर हैं कि प्रकाश की किरण-पुंज को उन तक पहुंचने में 40 वर्ष लगते हैं। चूंकि हम जानते हैं कि प्रकाश से ज्यादा वेग से यात्रा करना असंभव है, इसलिए हम इस नतीजे पर पहुंच सकते हैं कि हम उस तारे तक 40 साल से कम समय में नहीं पहुंच सकते। लेकिन हमारा यह निष्कर्ष गलत है, क्योंकि हमने गति से संबंधित काल-संकुचन यानी समय की सिकुड़न पर विचार नहीं किया है।

कल्पना कीजिए कि हम एक 'आइंस्टाइन-रॉकेटयान' में 2,40,000 किलोमीटर प्रति सेकंड की गति से एक तारे की यात्रा करते हैं। पृथ्वी के निवासियों के अनुसार हम उस तारे पर (3,00,000 × 40) ÷ 2,40,000 = 50 साल बाद पहुंचेंगे।

पर रॉकेट में यात्रा कर रहे हम लोगों के लिए, उपर्युक्त गति के अनुसार, काल का संकुचन 6 : 10 के अनुपात में होगा। अतः हम उस तारे पर 50 साल में नहीं, बल्कि (6 ÷10) × 50 = 30 साल में पहुंचेंगे।

हमारे आइंस्टाइन-रॉकेटयान की गति को प्रकाश की गति के अधिकाधिक नजदीक पहुंचाकर हम तारे तक पहुंचने के समय को निस्सीम रूप से कम कर सकते हैं। सैद्धांतिक रूप से, काफी ऊंचे वेग से यात्रा करके हम केवल एक मिनट में उस तारे की यात्रा करके पृथ्वी पर लौट सकते हैं! पर इस बीच पृथ्वी पर 80 साल गुजर चुके होंगे!

इस विवेचन से ऐसा जान पड़ता है कि हमारे पास एक ऐसा तरीका है जिससे मनुष्य की आयु बढ़ाई जा सकती, भले ही आयु में यह वृद्धि दूसरे लोगों की दृष्टि से हो, क्योंकि मनुष्द "अपने" समय के अनुसार ही बूढ़ा होता है। परंतु, दुर्भाग्य से, गहराई से विचार करने पर यह संभावना भ्रांतिपूर्ण सिद्ध होती है।

पहली बात तो यही है कि मानव-शरीर पृथ्वी के गुरुत्वाकर्षण से जनित त्वरण से काफी अधिक त्वरण को दीर्घकाल तक झेल नहीं सकता। प्रकाश के वेग के नजदीक की गति पर त्वरित होने के लिए बहुत अधिक समय लगेगा। गणनाओं से पता चलता है कि गुरुत्वाकर्षण से जनित त्वरण के तुल्य त्वरण से यात्रा करने पर छह महीनों के अरसे में हमें महज छह सप्ताहों की बचत होगी। यदि हम अपनी यात्रा जारी रखते हैं, तो समय की बचत में तेजी से वृद्धि होगी। गतिमान

रॉकेट में बारह महीनों तक यात्रा करने से 18 अतिरिक्त महीनों की बचत होगी। दो साल की यात्रा में 28 वर्षों की बचत होगी, और अंतर्ग्रहीय यात्रा में यदि हम तीन साल गुजारते हैं, तो 360 वर्षों से भी अधिक की बचत होगी!

आप शायद सोचते होंगे--ये तो बहुत ही आशाजनक आंकड़े हैं?

लेकिन जब हम इस यात्रा में खर्च होनेवाली ऊर्जा पर विचार करते हैं, तो स्थिति इतनी आशाजनक नहीं रहती। रॉकेट का भार केवल एक टन हो और यह 2,60,000 किलोमीटर प्रति सेकंड की गति से दौड़ रहा हो (यह गति समय को "दुगुना" करती है; अर्थात्, राकेट का एक साल पृथ्वी के दो सालों के बराबर होता है), तो यह 25,00,00,00,00,00,000 किलोवाट-घंटा ऊर्जा खर्च करेगा। इतनी ऊर्जा पैदा करने में समूचे संसार को कई महीने लगते हैं।

लेकिन यह तो केवल वह ऊर्जा हुई जिसे रॉकेट यात्रा में खर्च करेगा। अभी उस ऊर्जा का हिसाब लगाना बाकी है जो हमारे रॉकेटयान को 2,60,000 किलोमीटर प्रति सेकंड की गति पर त्वरित करने के लिए खर्च होगी। इसके अलावा, यात्रा के अंत में, सुरक्षित उतरने के लिए, अंतरिक्षयान को मंदित भी करना होगा। इसमें कितनी ऊर्जा खर्च होगी?

इंजन से पलायन करनेवाले जेट की गति को यथासंभव सर्वोच्च—प्रकाश की गति के बराबर—बनाने के लिए हमारे पास पर्याप्त ईंधन हो, तो भी ऊपर जितनी ऊर्जा की हमने चर्चा की है, उससे 200 गुना अधिक ऊर्जा की जरूरत पड़ेगी। अन्य शब्दों में, हमें इतनी ऊर्जा खर्च करनी पड़ेगी कि सारी दुनिया कई दर्जन

सालों में ही इतनी ऊर्जा पैदा कर सकती है। वास्तव में, जेट का पलायन-वेग प्रकाश के वेग से कई हजार गुना कम होता है, जिससे हमारी काल्पनिक यात्रा की ऊर्जा की जरूरत भयंकर रूप से बढ़ जाती है।

लंबाई का संकुचन

काल, जैसा कि हमने अभी देखा है, दरअसल एक निरपेक्ष धारणा नहीं है। यह सापेक्षिक है और इसके लिए उस चौखट का स्पष्ट निर्देशन जरूरी है जिससे अवलोकन किया गया है।

अब हम आकाश (दिक्) पर विचार करेंगे। माइकेल्सन के प्रयोग की चर्चा करने के पहले ही हमने पता लगा लिया था कि आकाश सापेक्षिक है। फिर भी, आकाश की सापेक्षिकता के बावजूद हमने पिंडों की विमाओं को निरपेक्ष स्वरूप प्रदान किया है। अन्य शब्दों में, हमने उन्हें पिंड के ऐसे गुणधर्मों के रूप में स्वीकार कर लिया जो उस चौखट पर निर्भर नहीं करते जहां से हमने अपने प्रेक्षण किए हैं। लेकिन आपेक्षिकता का सिद्धांत हमें अपनी इस धारणा को भी त्याग देने के लिए विवश करता है। काल को निरपेक्ष मानने की हमारी धारणा की तरह यह भी एक पूर्वग्रह है, जिसका पोषण हमने इसलिए किया है कि हम हमेशा ऐसी गतियों से सरोकार रखते आए हैं जो प्रकाश के वेग से बहुत-बहुत कम हैं।

कल्पना कीजिए कि 'आइंस्टाइन-रेलगाड़ी' 24,00,000 किलोमीटर लंबे एक स्टेशन-प्लेटफार्म को लांघते हुए गुजरती है। रेलगाड़ी उस प्लेटफार्म को स्टेशन की घड़ी के अनुसार 24,00,000 ÷ 2,40,000 = 10 सेकंड में पार करेगी। परंतु रेलगाड़ी के यात्रियों की घड़ियों के अनुसार रेलगाड़ी को वह प्लेटफार्म पार करने में केवल 6 सेकंड लगेंगे। यात्रियों का यह निष्कर्ष पूर्णतः उचित होगा कि प्लेटफार्म 24,00,000 किलोमीटर नहीं, बल्कि 2,40,000 × 6 = 14,40,000 किलोमीटर लंबा है।

यहां हम देखते हैं कि उस चौखट की दृष्टि से प्लेटफार्म की लंबाई अधिक होगी जो इस प्लेटफार्म के सापेक्ष स्थिर है, और उस चौखट की दृष्टि से कम होगी जिसके सापेक्ष प्लेटफार्म गतिमान है। सभी गतिमान पिंडों का उनकी गति की दिशा में संकुचन होता है।

लेकिन यह संकुचन कतई सिद्ध नहीं करता कि गति निरपेक्ष है : जैसे ही हम पिंड को एक ऐसी चौखट से देखते हैं जो इसके सापेक्ष स्थिर है, वैसे ही वह पिंड अपनी वास्तविक विमाएं प्राप्त करता है। उसी प्रकार, रेलगाड़ी के यात्री

देखेंगे कि प्लेटफार्म सिकुड़ गया है, जबकि प्लेटफार्म पर खड़े लोग सोचेंगे कि 'आइंस्टाइन-रेलगाड़ी' छोटी हो गई है (6:10 के अनुपात में)।

यह एक दृष्टिभ्रम भी नहीं होगा। पिंड की लंबाई मापने के लिए प्रयोग किए जानेवाले सभी उपकरणों में भी यही संकुचन प्रकट होगा।

इस खोज के संदर्भ में अब हमें वे निष्कर्ष बदलने होंगे जो हमने पृष्ठ 39-40 पर 'आइंस्टाइन-रेलगाड़ी' के दरवाजे खुलने में लगनेवाले समय के बारे में निकाले थे। जब हम प्लेटफार्म पर खड़े प्रेक्षक की दृष्टि से दरवाजे खुलने में लगनेवाले समय की गणना कर रहे थे, तब हमने मान लिया था कि गतिमान रेलगाड़ी की लंबाई उतनी ही है जितनी कि स्थिर रेलगाड़ी की। फिर भी प्लेटफार्म पर खड़े लोगों के लिए वह रेलगाड़ी छोटी थी। इस प्रकार, स्टेशन की घड़ी के अनुसार दरवाजे खुलने के समय के बीच का वास्तविक अंतर केवल $(6 \div 10) \times 40 =$ 24 सेकंड होगा, 40 सेकंड नहीं।

वस्तुतः, जो निष्कर्ष हमने पहले निकाले हैं उनके लिए यह संशोधन आवश्यक नहीं है।

पृष्ठ 59 के चित्रों में प्लेटफार्म पर खड़े प्रेक्षक और रेलगाड़ी के यात्री द्वारा देखी गई 'आइंस्टाइन-रेलगाड़ी' को तथा स्टेशन के प्लेटफार्म को दरशाया गया है।

इसमें हम देखते हैं कि दाईं ओर के चित्र में प्लेटफार्म रेलगाड़ी से अधिक लंबा है और बाईं ओर के चित्र में रेलगाड़ी प्लेटफार्म से अधिक लंबी है।

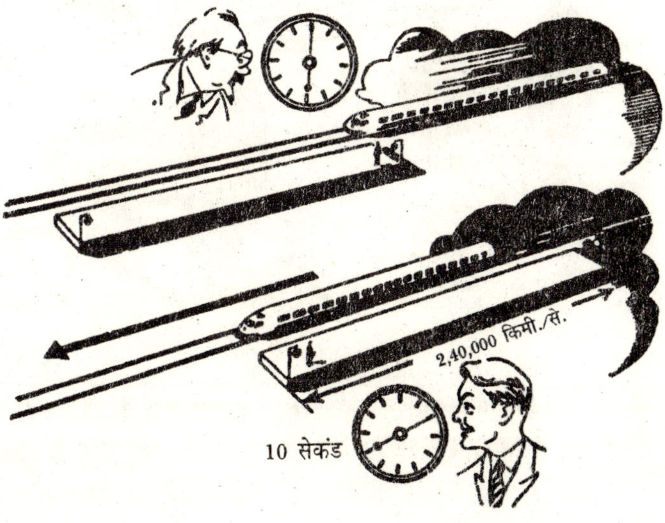

इनमें से कौन-सा चित्र वास्तविकता के अनुरूप है?

यह सवाल उसी प्रकार निरर्थक है, जिस प्रकार पृष्ठ 11 पर ग्वाले और गाय से संबंधित सवाल निरर्थक है।

ये दो घटनाएं एक ही वास्तविकता के भिन्न दृष्टि-बिंदुओं से लिए गए "चित्र" हैं।

मनमौजी गतियां

रेल-पटरियों के सापेक्ष उस रेल-यात्री की गति क्या होगी जो 50 किलोमीटर प्रति-घंटे की रफ्तार से दौड़ रही रेलगाड़ी के आगे के सिरे की ओर 5 किलोमीटर प्रति-घंटे की चाल से आगे बढ़ रहा है? स्पष्ट रूप से यह 50 + 5 = 55 किलोमीटर प्रति घंटा होगी। हमारा उत्तर वेगों के योग के सूत्र पर आधारित होगा, और हमें इसके सही होने में किसी प्रकार कोई संदेह नहीं है। सचमुच ही एक घंटे में वह रेलगाड़ी 50 किलोमीटर फासला तय कर चुकेगी और रेलगाड़ी का वह यात्री 5 किलोमीटर की अतिरिक्त दूरी तय कर चुकेगा। इसलिए दोनों का योग होगा 55 किलोमीटर।

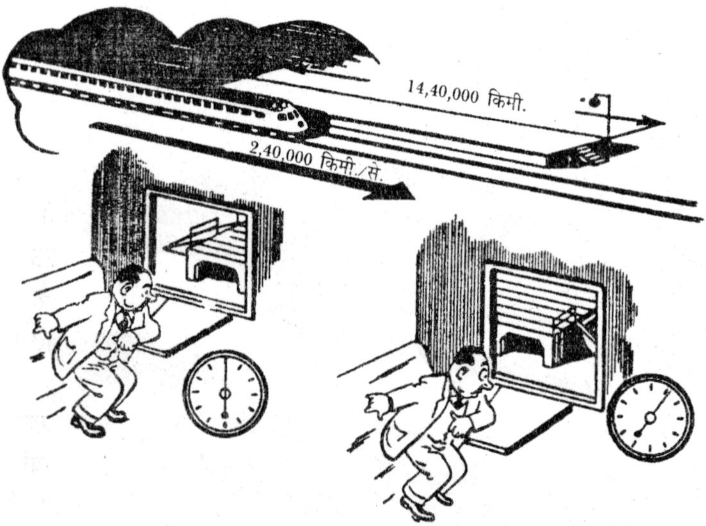

यह स्पष्ट है कि सीमा-गति के अस्तित्व के कारण वेगों के योग का नियम सार्वभौमिक रूप से छोटी-बड़ी गतियों पर समान रूप से लागू नहीं हो सकता। कल्पना कीजिए कि 'आइंस्टाइन-रेलगाड़ी' का यात्री 1,00,000 किलोमीटर प्रति

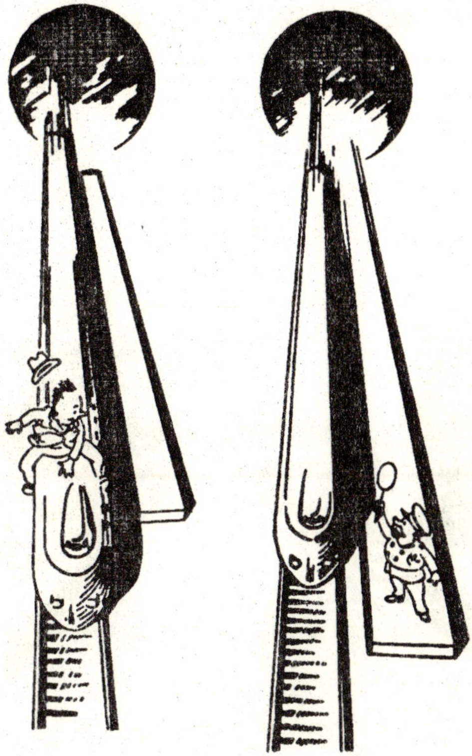

सेकंड की चाल से दौड़ रहा है, तो रेल-पटरियों के सापेक्ष उसकी चाल 2,40,000 + 1,00,000 = 3,40,000 किलोमीटर प्रति सेकंड होनी चाहिए। लेकिन ऐसी किसी गति का अस्तित्व नहीं है, क्योंकि यह प्रकाश के वेग से अधिक है।

परिणामतः, वेगों के योग का नियम, जिसका हम अपने रोजमर्रा के जीवन में इस्तेमाल करते हैं, पूर्णतः शुद्ध नहीं है। यह केवल उन्हीं गतियों के लिए सही है जो प्रकाश के वेग से बहुत कम हैं।

पाठक, जो अब आपेक्षिकता के सिद्धांत से संबंधित नाना प्रकार के विरोधाभासों का अभ्यस्त हो चुका है, आसानी से समझ जाएगा कि क्यों स्पष्ट जान पड़नेवाला वह तर्क, जिसके आधार पर हमने अभी वेगों के योग का नियम प्रस्थापित किया है, पर्याप्त नहीं है। हमने रेलगाड़ी द्वारा एक घंटे में तय की गई दूरी के साथ यात्री द्वारा रेलगाड़ी में तय की गई दूरी जोड़ी है। लेकिन आपेक्षिकता के सिद्धांत ने हमें दरशाया है कि इन दूरियों को जोड़ा नहीं जा सकता। यह उसी

प्रकार गलत होगा जिस प्रकार आगे के चित्र में सड़क के एक खंड का क्षेत्रफल जानने के लिए अब और बक का गुणन करना। इसके अलावा, स्टेशन के सापेक्ष यात्री की गति जानने के लिए हमें पता लगाना होगा कि स्टेशन की घड़ी के अनुसार एक घंटे में उसने कितनी दूरी तय की है, जबकि रेलगाड़ी में उसकी गति जानने के लिए हमने रेलगाड़ी की घड़ी का इस्तेमाल किया है, परंतु हम जानते हैं कि यह घड़ी स्टेशन की घड़ी के बराबर नहीं है।

इससे हम निष्कर्ष पर पहुंचते हैं कि वेग, जिनमें से कम-से-कम एक वेग प्रकाश के वेग के तुल्य है, उससे बिल्कुल भिन्न तरीके से जोड़े जाते हैं जिसके हम आदी हैं। उदाहरण के लिए, बहते पानी में प्रकाश के संचरण का अवलोकन करके (इसकी चर्चा हम पहले कर चुके हैं) हम प्रायोगिक रूप से वेगों के इस विरोधाभासी योग को स्पष्ट देख सकते हैं। यह तथ्य कि बहते पानी में प्रकाश के संचरण का वेग निश्चल पानी में प्रकाश के वेग और पानी के बहाव के वेग के योग के बराबर नहीं है, बल्कि कम है, यह तथ्य आपेक्षिकता के सिद्धांत का एक स्पष्ट परिणाम है।

वेगों में एक वेग यदि ठीक 3,00,000 किलोमीटर प्रति सेकंड हो, तो उनका योग बड़े विचित्र तरीके से किया जाता है। जैसा कि हम जानते हैं, इस वेग की विशेषता है कि, चाहे किसी भी चौखट से हम इसका अवलोकन क्यों न करें, यह अपरिवर्तनीय रहता है। अन्य शब्दों में, 3,00,000 किलोमीटर प्रति सेकंड के वेग के साथ कोई भी वेग क्यों न जोड़ा जाए, हम पुनः 3,00,000 किलोमीटर प्रति सेकंड का ही वेग प्राप्त करेंगे।

वेगों के योग के इस सरल नियम की अनुपयुक्तता के संदर्भ में एक सरल सादृश्य प्रस्तुत किया जा सकता है।

$$\angle 1+\angle 2+\angle 3 = 180^\circ$$

जैसा कि आप जानते हैं, एक समतल त्रिभुज में (देखिए ऊपर बाईं ओर का चित्र) अ, ब और क कोणों का योग दो समकोणों के बराबर है। अब कल्पना कीजिए कि पृथ्वी की सतह पर एक त्रिभुज खींचा गया है (देखिए दाईं ओर का चित्र)। पृथ्वी की गोलाई के कारण इस त्रिभुज के कोणों का योग दो समकोणों से अधिक होगा। यह अंतर तभी प्रकट होता है जब इस त्रिभुज का आकार पृथ्वी के आकार के तुल्य हो।

जिस तरह धरातल पर छोटे क्षेत्रों के मापन के लिए समतल ज्यामिति के नियमों को प्रयुक्त करना संभव है, उसी तरह कम वेगों के लिए हम वेगों के योग के साधारण नियम का प्रयोग कर सकते हैं।

नील्स बोर (1885-1962 ई.)

अध्याय 6
द्रव्यमान में परिवर्तन

द्रव्यमान

कल्पना कीजिए कि हम एक स्थिर पिंड को एक निश्चित गति प्रदान करना चाहते हैं। इसके लिए हमें उस पर बल की एक निश्चित मात्रा का प्रयोग करना होगा। वह पिंड गतिमान होगा, और घर्षण-जैसे बलों के अभाव में उसे कालांतर में इच्छित त्वरण पर पहुंचाया जा सकता है। हम देखेंगे कि एक प्रदत्त बल की सहायता से विभिन्न पिंडों को एक इच्छित वेग पर त्वरित करने के लिए विभिन्न कालांतरों की आवश्यकता होती है।

घर्षण-बल की उपेक्षा करके आकाश में समान आकार के दो गोलों की कल्पना कीजिए—एक सीसे का और दूसरा लकड़ी का। अब इनमें से प्रत्येक पर समान बल का तब तक प्रयोग कीजिए जब तक ये, मान लीजिए कि, 10 किलोमीटर प्रति घंटे की गति तक त्वरित नहीं हो जाते।

स्पष्ट है कि, हमें यह बल लकड़ी के गोले की अपेक्षा सीसे के गोले पर ज्यादा समय तक लगाना होगा : सीसे के गोले का द्रव्यमान लकड़ी के गोले के द्रव्यमान से ज्यादा है। चूंकि एक स्थिर बल के प्रभाव के अंतर्गत वेग काल के अनुपात में बढ़ता है, द्रव्यमान का संबंध किसी पिंड को उस वेग पर त्वरित करने में लगनेवाले समय से है। द्रव्यमान इस संबंध के समानुपात में होता है, जिसमें समानुपातिकता का गुणांक त्वरण-बल पर निर्भर करता है।

बढ़ता द्रव्यमान

द्रव्यमान किसी भी पिंड का एक अत्यंत महत्वपूर्ण गुणधर्म है। हम मानते आए हैं कि पिंडों का द्रव्यमान सदैव स्थिर रहता है; द्रव्यमान वेग पर निर्भर नहीं करता। यह निष्कर्ष हमारे इस आरंभिक कथन से निकलता है कि एक स्थिर बल के सतत प्रयोग से वेग उसके कार्यकाल के सीधे अनुपात में बढ़ता है।

यह कथन वेगों के योग के नियम पर आधारित है। लेकिन हमने अभी-अभी सिद्ध किया है कि यह नियम सभी स्थितियों पर लागू नहीं होता।

किसी बल का, मान लीजिए कि दो सेकंड के लिए, प्रयोग करने के बाद गति को जानने के लिए हम क्या करें? हम वेगों के योग के सामान्य नियम का अनुसरण करते हुए पहले सेकंड के अंत में उस पिंड को प्राप्त हुई गति के साथ अगले सेकंड के दौरान प्राप्त गति का जोड़ करते हैं।

वेगों के प्रकाश के वेग के समीप पहुंचने तक हम इस प्रकार करते जा सकते हैं। उस स्थिति में पुराना नियम अपर्याप्त सिद्ध होता है। आपेक्षिकता के सिद्धांत के अनुसार वेगों का योग करने पर जो परिणाम प्राप्त होंगे वे उन परिणामों से कुछ अल्प होंगे जो योग के पुराने नियम का इस्तेमाल करने पर प्राप्त होंगे, पर इस स्थिति में पुराना नियम बिल्कुल अनुपयोगी है। इसका अर्थ यह है कि उच्च वेग बल के प्रयोग के समय के अनुपात में नहीं बढ़ेगा, बल्कि कुछ धीमी रफ्तार से बढ़ेगा। यह स्वाभाविक ही है, क्योंकि एक सीमा-गति का अस्तित्व है।

बल स्थिर रहता है, तो किसी भी पिंड का वेग, जैसे-जैसे यह प्रकाश के वेग के नजदीक पहुंचता है, वैसे-वैसे अधिकाधिक कम रफ़्तार से बढ़ता है। इस प्रकार सीमा-गति को कभी लांघा नहीं जाता।

किसी पिंड के द्रव्यमान को उसके वेग से तब तक स्वतंत्र माना जा सकता है, जब तक हम यह कहते हैं कि उस पिंड का वेग प्रयुक्त बल के समय के अनुपात में बढ़ता है। पर जैसे ही उस पिंड का वेग प्रकाश के वेग के समीप पहुंचता है, वैसे ही काल और वेग के बीच का अनुपात समाप्त हो जाता है और द्रव्यमान वेग पर आश्रित हो जाता है। चूंकि त्वरण का काल असीम रूप से बढ़ जाता है और वेग सीमा-गति को लांघ नहीं सकता, हम देखते हैं कि वेग की वृद्धि के साथ द्रव्यमान में भी वृद्धि होती है; पिंड का वेग प्रकाश की गति पर पहुंचता है, तो उसका द्रव्यमान असीम रूप से बढ़ जाता है।

गणनाओं से पता चलता है कि एक गतिमान पिंड के द्रव्यमान में उसी मात्रा में वृद्धि होती है जिस मात्र में उसकी लंबाई में कमी होती है। इस प्रकार 2,40,000 किलोमीटर प्रति सेकंड की गति से दौड़नेवाली 'आइंस्टाइन-रेलगाड़ी' का द्रव्यमान उसी रेलगाड़ी के स्थिर अवस्था वाले द्रव्यमान से $10 \div 6$ गुना अधिक होगा।

यह बिल्कुल स्वाभाविक है कि जब हमारा सरोकार सामान्य वेगों से होता है, ऐसे वेगों से होता है जो प्रकाश के वेग की तुलना में नगण्य हैं, तब हम द्रव्यमान में होनेवाले परिवर्तन की उसी प्रकार उपेक्षा कर सकते हैं जिस प्रकार हम किसी

पिंड की गति और उसकी विमा के बीच के संबंध की उपेक्षा करते हैं, या दो घटनाओं के बीच के कालांतर के उन वेगों पर आश्रित होने की उपेक्षा करते हैं जिनसे इन घटनाओं के प्रेक्षक यात्रा करते हैं।

द्रव्यमान और वेग का संबंध आपेक्षिकता के सिद्धांत से निर्धारित होता है। तीव्रगामी इलेक्ट्रॉनों की गति का अवलोकन करके हम इस संबंध की जांच कर सकते हैं।

आधुनिक प्रायोगिक उपकरणों में प्रकाश के वेग के नजदीक के वेग से दौड़ने वाले इलेक्ट्रॉनों के दर्शन करना एक सामान्य बात है। खास किस्म की मशीनों में इलेक्ट्रॉनों को जिन वेगों से त्वरित किया जाता है, वे प्रकाश के वेग से केवल 30 किलोमीटीर प्रति सेकंड कम होते हैं।

आधुनिक भौतिकी अतिउच्च वेग से दौड़नेवाले इलेक्ट्रॉनों के द्रव्यमान की स्थिर अवस्थावाले इलेक्ट्रॉनों के द्रव्यमान से तुलना करने में पूर्णतः समर्थ है। द्रव्यमान के वेग पर आश्रित होने की, आपेक्षिकता के सिद्धांत की इस उपपत्ति की, प्रयोगों ने पूर्णतः पुष्टि कर दी है।

एक ग्राम प्रकाश की कीमत?

किसी पिंड के द्रव्यमान में होनेवाली वृद्धि का उस पर किए गए काम से गहरा संबंध होता है; यह वृद्धि उस पिंड को गतिमान बनानेवाले बल के अनुपात में होती है। उस पिंड को केवल गतिमान बनाने के लिए शक्ति खर्च करने की जरूरत नहीं है। उस पिंड पर प्रयुक्त समूचा बल, उस पिंड की ऊर्जा में होने वाली कोई भी वृद्धि, उसके द्रव्यमान को बढ़ाती है। ठीक यही कारण है कि जब किसी पिंड को गरम किया जाता है तो उसका द्रव्यमान बढ़ जाता है, और किसी कमानी को दबोचा जाता है तो उसका द्रव्यमान बढ़ जाता है। यह सही है कि द्रव्यमान-परिवर्तन और ऊर्जा-परिवर्तन के बीच का अनुपात-गुणांक नगण्य होता है : किसी पिंड के द्रव्यमान में एक ग्राम की वृद्धि करने के लिए हमें 2,50,00,000 किलोवाट-घंटा ऊर्जा इस्तेमाल करनी होगी।

यही कारण है कि सामान्य परिस्थितियों में किसी पिंड के द्रव्यमान में होनेवाला परिवर्तन नगण्य होता है और अत्यंत सूक्ष्म मापनों से भी इसका पता नहीं लगाया जा सकता। इस प्रकार, यदि हम एक टन पानी को 0^0 सेंटीग्रेड से क्वथनांक (100^0 सेंटीग्रेड) तक गरम करते हैं, तो इसके द्रव्यमान में लगभग एक ग्राम के आधे करोड़वें हिस्से की वृद्धि होगी।

यदि हम किसी बंद भट्ठी में एक टन कोयला जलाते हैं, तो इस दहन-क्रिया से जनित चीज़ों का द्रव्यमान आरंभिक कोयले और ऑक्सीजन के द्रव्यमान से $\frac{1}{3000}$ ग्राम कम होगा। इस विलुप्त द्रव्यमान को वह ऊष्मा ले जाती है जो दहन-प्रक्रिया में पैदा होती है।

लेकिन आधुनिक भौतिकी में हम ऐसी भी घटनाओं के दर्शन करते हैं जिनमें द्रव्यमान-परिवर्तन काफी महत्व की भूमिका अदा करता है।

उन घटनाओं को लीजिए जिनमें परमाणुओं के नाभिकों की टक्कर होती है और परिणामतः नए नाभिकों का निर्माण होता है। उदाहरण के लिए, लीथियम के एक परमाणु के हाइड्रोजन के एक परमाणु से टकराने पर जब हीलियम के दो परमाणुओं का निर्माण होता है, तब द्रव्यमान में मूल द्रव्यमान के $\frac{1}{400}$ हिस्से के बराबर अंतर पड़ता है।

हम पहले ही बता चुके हैं कि किसी पिंड के द्रव्यमान में एक ग्राम की वृद्धि करने के लिए हमें 2,50,00,000 किलोवाट-घंटा के बराबर ऊर्जा का इस्तेमाल करना होगा। इसलिए एक ग्राम लीथियम और हाइड्रोजन को हीलियम में बदलने के लिए 400 गुना कम ऊर्जा की जरूरत पड़ेगी :

2,50,00,000 ÷ 400 = 60,000 किलोवाट-घंटा !

अब हम इस प्रश्न का उत्तर खोजने की कोशिश करेंगे : (भार के अनुसार) प्रकृति में विद्यमान कौन-सी चीज़ सबसे अधिक मूल्यवान है? रेडियम धातु को सबसे अधिक मूल्यवान माना जाता है। अभी हाल तक एक ग्राम रेडियम की कीमत लगभग 25,00,000 रुपए रही है।

लेकिन प्रकाश का मूल्य कितना होगा?

बिजली के एक बल्ब के जरिए हम प्रकाश के रूप में उस ऊर्जा का केवल बीसवां भाग प्राप्त करते हैं जो इसे जलाने में खर्च की जाती है। इसलिए एक ग्राम प्रकाश 2,50,00,000 किलोवाट-घंटे कार्य से 20 गुना अधिक के बराबर होगा; अर्थात्, 50,00,00,000 किलोवाट-घंटे के बराबर। यदि मान लिया जाए कि एक किलोवाट-घंटे की कीमत 10 पैसे हैं, तो इतनी ऊर्जा की कीमत 5,00,00,000 रुपए होगी। इससे स्पष्ट होता है कि एक ग्राम प्रकाश की कीमत एक ग्राम रेडियम की कीमत से 20 गुना अधिक है।

सार-संक्षेप

सूक्ष्म और अत्यंत विश्वसनीय प्रयोग हमें आपेक्षिकता के सिद्धांत की वैधता स्वीकार करने के लिए विवश करते हैं। यह सिद्धांत हमारे चहुंओर के विश्व की सर्वाधिक आश्चर्यजनक विशेषताओं का, ऐसी विशेषताओं का जिन पर पहली सतही नज़र में हमारा ध्यान नहीं जाता, उद्घाटन करता है।

हमने देखा है कि आपेक्षिकता के सिद्धांत ने मनुष्य द्वारा प्रतिदिन के अनुभवों के आधार पर सदियों से विकसित की गई बुनियादी धारणाओं में कितना दूरगामी और मौलिक रद्दोबदल किया है।

तो क्या इसका यह अर्थ है कि आपेक्षिकता के सिद्धांत के अवतरण के काफी पहले से विकसित होते आ रहे भौतिक-विज्ञान को हमें पुराने, फटे हुए जूतों की तरह उतारकर फेंक देना चाहिए?

यदि ऐसी बात होती तो वैज्ञानिक अनुसंधान में जुटे रहने का कोई अर्थ ही नहीं होता। कोई नया सिद्धांत निश्चय ही प्रकट होगा और पुराने सिद्धांत को चकनाचूर करेगा।

कल्पना कीजिए कि कोई यात्री एक सामान्य एक्सप्रेस रेलगाड़ी में सवार होता है और अपनी घड़ी को ठीक कर लेता है, क्योंकि, आपेक्षिकता के सिद्धांत के अनुसार, वह स्टेशन की घड़ी से पीछे रहेगी। हर कोई ऐसे यात्री की हंसी उड़ाएगा। रेलगाड़ी में लगनेवाला धक्का घड़ी की गति पर इससे कहीं अधिक असर डालेगा। इसके अलावा, इस स्थिति में घड़ी की चाल में जो अंतर पड़ेगा वह एक सेकंड के एक अतिसूक्ष्म हिस्से के बराबर होगा।

जो रासायनिक इंजीनियर इस बात में संदेह करता है कि पानी को गरम करने पर उसका द्रव्यमान पूर्ववत् कायम नहीं रहेगा वह निश्चय ही अपने होश में नहीं है। और, दूसरी तरफ, यदि कोई भौतिकविद परमाणुओं के नाभिकों की टक्करों का अध्ययन करते समय नाभिकीय रूपांतरण की प्रक्रिया में परमाणु-भार में होनेवाले परिवर्तन की उपेक्षा करता है, तो उसे मूर्ख समझकर प्रयोगशाला के बाहर

निकाल दिया जाएगा।

इंजीनियर इंजनों का निर्माण भौतिकी के पुराने नियमों के अनुसार करते हैं, और आगे भी करते रहेंगे, क्योंकि यदि वे आपेक्षिकता के सिद्धांत के अनुरूप संशोधन करते हैं, तो उन संशोधनों का उनकी मशीनों पर उससे कहीं कम प्रभाव पड़ेगा जो कि एक जीवाणु के पहिए पर बैठने से पड़ सकता है। परंतु तीव्रगामी इलेक्ट्रॉनों के प्रयोगों में जुटे हुए भौतिकविदों को यह ध्यान में रखना होगा कि वेग के साथ द्रव्यमान में परिवर्तन होता है।

आपेक्षिकता का सिद्धांत पुरानी धारणाओं का उन्मूलन नहीं करता, बल्कि उनका विस्तार करता है और उनकी उन सीमाओं को निर्धारित करता है जिनके अंतर्गत पुरानी धारणाओं का, गलती किए बिना, इस्तेमाल किया जा सकता है। आपेक्षिकता के सिद्धांत के जन्म के पहले भौतिकविदों ने प्रकृति के जो नियम खोजे हैं, उनका खंडन नहीं हुआ है; सिर्फ इतना ही हुआ है कि अब उनकी उपयोगिता की सीमाएं स्पष्ट रूप से निर्धारित हो गई हैं।

आपेक्षिकता के सिद्धांत पर आधारित भौतिकी, जिसे 'आपेक्षिक भौतिकी' कहते हैं, और 'क्लासिकल भौतिकी' के नाम से जानी जानेवाली पुरानी भौतिकी के बीच लगभग वहीं संबंध है जो कि उच्च भूगणित और प्राथमिक भूगणित के बीच है : उच्च भूगणित में पृथ्वी के गोलत्व पर विचार किया जाता है, लेकिन प्राथमिक भूगणित इसकी उपेक्षा करता है। उच्च भूगणित ऊर्ध्वाधर दिशा की सापेक्षिकता से शुरुआत करता है, और आपेक्षिक भौतिकी पिंड की विमाओं पर और किन्हीं दो घटनाओं के कालों के बीच के अंतर पर विचार करती है, इनका इस्तेमाल करती है; परंतु क्लासिकल भौतिकी आपेक्षिकता की धारणा के बारे में कुछ नहीं जानती।

जिस प्रकार उच्च भूगणित का विकास प्राथमिक भूगणित से हुआ है, उसी प्रकार आपेक्षिक भौतिकी का विकास क्लासिकल भौतिकी से हुआ है।

हम गोलीय ज्यामिति–गोलों की सतह की ज्यामिति–के सूत्रों को छोड़कर समतल ज्यामिति के अनंत लंबाई की सतह के सूत्रों को अपना सकते हैं। उस स्थिति में पृथ्वी एक गोला नहीं रहेगी, बल्कि एक अनंत समतल होगी, ऊर्ध्वाधर दिशा निरपेक्ष होगी, और त्रिभुज के कोणों का योग ठीक दो समकोणों के बराबर होगा।

यदि हम कल्पना करें कि प्रकाश का वेग अनंत है, यानी प्रकाश का संचरण तत्काल होता है, तो आपेक्षिक भौतिकी में भी इसी प्रकार का रद्दोबदल किया जा सकता है।

दरअसल, यदि प्रकाश का संचरण तत्काल होता है, तो समकालिकता की धारणा, जैसा कि हमने देखा है, निरपेक्ष बन जाती है। घटनाओं के समयों के बीच का अंतर और पिंड की विमाएं भी निरपेक्ष बन जाती हैं, फिर चाहे किसी भी चौखट से उनका अवलोकन किया जाए।

इस प्रकार, यदि हम प्रकाश के वेग को असीम मानें तो हम उन सभी पुरानी स्थापित धारणाओं को कायम रख सकते हैं जिन पर हमने विचार किया है।

परंतु दिक् (आकाश) और काल की पुरानी धारणाओं के साथ प्रकाश के सीमा-वेग का गठबंधन करने का हमारा प्रयास हमें उस व्यक्ति की विचित्र स्थिति में रखता है जो जानता है कि पृथ्वी गोल है, पर इस बात पर जोर देता है कि उसके अपने नगर की ऊर्ध्वाधर दिशा निरपेक्ष ऊर्ध्वाधर है, और इस भय से अपने नगर की सीमा के बाहर नहीं निकलता कि वह कहीं बाह्य अंतरिक्ष में न गिर जाए!

परिशिष्ट

अल्बर्ट आइंस्टाइन

लेव लांदाऊ/यूरी रूमेर

विशिष्ट शब्द

पारिभाषिक शब्दावली

"आपेक्षिकता-सिद्धांत के आधार पर रचित गुरुत्वीय क्षेत्रों का सिद्धांत सभी विद्यमान भौतिकीय सिद्धांतों में संभवतः सबसे सुंदर है। इस सिद्धांत की विशेषता यह है कि आइंस्टाइन ने इसका सृजन विशुद्ध निगमनात्मक विधि से किया है और बाद में ही खगोलीय प्रेक्षणों से इसकी पुष्टि हुई है।"

—लेव लांदाऊ व येवगेनी लिफ्शिट्ज

अल्बर्ट आइंस्टाइन

29 मई, 1919 : खग्रास सूर्य-ग्रहण का दिन। ग्रहण के अध्ययन के लिए खगोलविद् व भौतिकीविद् आर्थर एडिंग्टन (1882-1944 ई.) के नेतृत्व में दो ब्रिटिश वैज्ञानिक-दलों का आयोजन हुआ था। एक दल ब्राजील के सोब्राल स्थान पर पहुंचा और दूसरा पहुंचा, पश्चिम अफ्रीका के प्रिंसिपे द्वीप में। एडिंग्टन इस दूसरे दल में शामिल थे।

अभियान का लक्ष्य था—दूर के तारों की किरणों का सूर्य के समीप से गुजरने पर उनमें होनेवाले प्रत्यक्ष विस्थापन का अध्ययन करना। सूर्य-ग्रहण के समय ब्राजील में मौसम अच्छा था, मगर वहां के परिणामों का विश्लेषण करने में विलंब हुआ। प्रिंसिपे द्वीप में ग्रहण के समय आकाश में बादल छा गए, पर अंतिम क्षणों में बादल थोड़े हटे, तो दो प्लेटों पर सर्वग्रास सूर्य-ग्रहण के चित्र उतारना संभव हुआ। उसके कुछ महीने पहले, जब सूर्य दूर था, तब आकाश के उसी क्षेत्र के चित्र उतारे गए थे। ग्रहण के समय प्राप्त किए गए नए चित्रों से उन चित्रों का मिलान किया गया, तो स्पष्ट हुआ कि दूर के तारों की किरणें, सूर्य के समीप से गुजरने पर, उसकी ओर थोड़ी मुड़ जाती हैं।

इस समूचे प्रयास के पीछे कारण था—अल्बर्ट आइंस्टाइन द्वारा 1916 ई. में प्रतिपादित 'व्यापक आपेक्षिकता-सिद्धांत' का एक निष्कर्ष। आइंस्टाइन परिणाम पर पहुंचे थे कि, सभी भौतिक पिंडों की तरह, प्रकाश-पुंज का भी अपना द्रव्यमान होता है और जब यह किसी बड़े पिंड के गुरुत्वीय क्षेत्र से गुजरता है, तो वक्र पथ में यात्रा करता है। उन्होंने सुझाव दिया था कि उनके सिद्धांत की परीक्षा के लिए सूर्य के गुरुत्वीय क्षेत्र से गुजरनेवाले तारों के प्रकाश-पथों का अवलोकन किया जाए। चूंकि दिन के प्रकाश में तारों को देख पाना संभव नहीं है, इसलिए आकाश में सूर्य व तारों को सर्वग्रास सूर्य-ग्रहण के अवसर पर ही एकसाथ देखा जा सकता है। अतः आइंस्टाइन ने सुझाया कि ग्रहण के समय जब सूर्य का सर्वग्रास हो गया हो, यानी जब सूर्य पूर्णतः काला हो गया हो, तब उसके काले किनारे के सबसे नजदीक के तारों के छायाचित्र उतारे जाएं और उन्हीं तारों के अन्य अवसर पर उतारे गए छायाचित्रों से उनकी तुलना की जाए। आइंस्टाइन के सिद्धांत के अनुसार, सूर्य के किनारे के नज़दीक के तारों का प्रकाश, सूर्य के गुरुत्वीय क्षेत्र से गुजरते समय, थोड़ा सूर्य की ओर मुड़ जाना चाहिए। इसलिए धरती के प्रेक्षक को तारों के बिंब आकाश में अपने स्थानों से थोड़े विस्थापित यानी हटे हुए नज़र आएंगे।

आइंस्टाइन ने यह भी बताया था कि सूर्य के सबसे नजदीक के तारों के लिए यह विस्थापन लगभग 1.75 कोणीय सेकंड होगा। चूंकि आपेक्षिकता के व्यापक सिद्धांत की सत्यता इस परीक्षण पर टिकी हुई थी, इसलिए दुनिया-भर के वैज्ञानिक सन् 1919

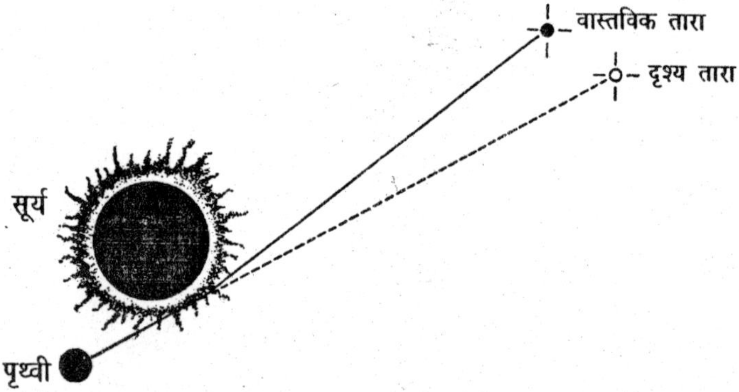

सूर्य के गुरुत्वीय क्षेत्र में तारे के प्रकाश का विस्थापन। चूंकि तारे से आने वाला प्रकाश सूर्य के समीप पहुंचने पर, उसके गुरुत्वीय क्षेत्र से गुजरते समय, उसकी ओर थोड़ा मुड़ जाता है, इसलिए धरती के प्रेक्षक को तारे का बिंब सूर्य से थोड़ा बाहर की ओर सरका हुआ नज़र आता है।

के उस सूर्य-ग्रहण के अध्ययन के लिए आयोजित ब्रिटिश वैज्ञानिक-दलों के परिणामों की बड़ी आतुरता से प्रतीक्षा कर रहे थे। पता चला कि सूर्य के समीप के तारों का औसत विस्थापन 1.64 कोणीय सेकंड है। उपकरणों की सूक्ष्मग्राहिता को ध्यान में रखा जाए, तो यह विस्थापन आइंस्टाइन की भविष्यवाणी को सही साबित करता था।

अभियान-दलों को इंग्लैंड लौटने और अपने परिणामों को अंतिम रूप देने में कुछ महीने लगे। लेकिन आइंस्टाइन के निष्कर्षों की पुष्टि होने की खबरें फैलने लगी थीं। खबरें आइंस्टाइन के पास भी पहुंच रही थीं। फिर 22 सितंबर, 1919 को डच भौतिकवेत्ता हेन्ड्रिक लॉरेंट्ज (1853-1923 ई.) ने खबरों की पुष्टि करते हुए आइंस्टाइन को टेलीग्राम भेजा। आइंस्टाइन ने टेलीग्राम से ही लॉरेंट्ज को धन्यवाद दिया तथा एडिंग्टन को बधाई; और 27 सितंबर, 1919 को अपनी बीमार मां को स्विट्ज़रलैंड में एक पोस्टकार्ड लिखा : "प्यारी मां, आज एक अच्छा समाचार मिला है। हेन्ड्रिक लॉरेंट्ज ने मुझे तार से सूचित किया है कि ब्रिटिश अभियान-दलों ने प्रमाणित कर दिया है कि सूर्य के समीप प्रकाश-किरणें मुड़ जाती हैं। ..."

एडिंग्टन ने अभियान-दलों के निष्कर्ष 6 नवंबर, 1919 को लंदन में आयोजित रॉयल सोसायटी और रॉयल एस्ट्रॉनॉमिकल सोसायटी की संयुक्त बैठक में प्रस्तुत किए। उस अवसर पर रॉयल सोसायटी के अध्यक्ष नोबेल पुरस्कार विजेता भौतिकवेत्ता जे. जे. टॉमसन (1856-1940 ई.) के उद्गार थे : "यह आविष्कार किसी अलग-थलग पड़े एक छोटे-मोटे द्वीप को तलाशने-जैसा नहीं है, बल्कि नए वैज्ञानिक विचारों वाले एक समूचे महाद्वीप को खोज निकालने के बराबर है। न्यूटन द्वारा प्रतिपादित गुरुत्वाकर्षण के सिद्धांत के बाद यह सबसे बड़ा आविष्कार है।"

एडिंग्टन की रिपोर्ट और दूसरे वैज्ञानिकों की टिप्पणियां दुनिया-भर के अखबारों की सुर्खियां बन गईं। अगले दिन के 'लंदन टाइम्स' के प्रथम पृष्ठ पर छपे प्रमुख समाचार का शीर्षक था : "विज्ञान में क्रांति। न्यूटन की मान्यताओं की पराजय।" लोग समझने लगे कि विज्ञान के क्षेत्र में एक महान घटना घटित हुई है। लोगों की जबान पर शब्द सुनाई देने लगे : "आकाश की वक्रता", "आकाश का सीमांत", "प्रकाश-किरणों का झुकाव", हालांकि बहुत कम लोग इन शब्दों का सही अर्थ समझने में समर्थ थे।

प्रकाश का गुरुत्वीय भार होता है और जब प्रकाश की कोई किरण किसी भारी पिंड के समीप से गुजरती है, तो उसके गुरुत्वीय क्षेत्र के कारण वह उसकी ओर मुड़ जाती है, यह आपेक्षिकता के व्यापक सिद्धांत (General Relativity Theory) का एक निष्कर्ष था, जिसे आइंस्टाइन ने अंतिम रूप में 1916 ई. में प्रस्तुत किया था।

आरंभ में आइंस्टाइन के आपेक्षिकता-सिद्धांत की व्याख्या और प्रचार-प्रसार में आर्थर एडिंग्टन ने काफी महत्व की भूमिका अदा की है। इस संदर्भ में एक मौजी किस्सा मशहूर है। एक बार एडिंग्टन के एक मित्र उनसे बोले : "दुनिया में जो तीन लोग आपेक्षिकता-सिद्धांत को समझते हैं, उनमें एक आप हैं।" सुनकर एडिंग्टन के चेहरे पर कुछ चिंता के भाव उभर आए। तब मित्र बोले : "प्रोफेसर एडिंग्टन, इसमें हैरानी या संकोच की कोई बात नहीं है।" एडिंग्टन का उत्तर था : "नहीं, मैं संकोच में बिल्कुल नहीं हूं; मैं सिर्फ यही सोच रहा हूं कि आपेक्षिकता-सिद्धांत को समझने वाला वह तीसरा व्यक्ति कौन हो सकता है।"

सचमुच, आइंस्टाइन का आपेक्षिकता-सिद्धांत कोई हलकी-फुलकी चीज़ नहीं है। जिन्होंने काफी गणित पढ़ा हो, जिन्होंने भौतिकी का गहराई से अध्ययन किया हो, वे ही इस सिद्धांत को भलीभांति समझ सकते हैं। फिर भी आपेक्षिकता-सिद्धांत को न समझने वाले लोग भी इसकी चर्चा करने लगे। ऐसा क्यों?

जिस समय आइंस्टाइन ने अपना यह सिद्धांत दुनिया के सामने रखा ('विशिष्ट आपेक्षिकता-सिद्धांत' 1905 ई. में और 'व्यापक आपेक्षिकता-सिद्धांत' 1916 ई. में), उस समय आदमी की रोजमर्रा की जिंदगी के लिए इस खोज का कोई लाभ नहीं था। उस समय इस खोज में ऐसी कोई बात नज़र नहीं आ रही थी जिससे आदमी का जीवन अधिक सुखी बन सके। फिर भी सारी दुनिया में इस खोज की चर्चा होने लगी। आइंस्टाइन को संसार का सबसे बड़ा वैज्ञानिक समझा जाने लगा।

ऐसा क्यों हुआ?

उसी दौरान एक पत्रकार ने आइंस्टाइन से भी यही सवाल पूछा था : "अधिकांश लोग आपके सिद्धांत को नहीं समझते। बहुत-से लोगों की वैज्ञानिक विषयों में दिलचस्पी भी नहीं है। फिर क्या कारण है कि आपकी खोज का दुनिया-भर के लोगों पर इतना अधिक असर हुआ है?"

स्वयं आइंस्टाइन को भी इस बात पर बड़ा आश्चर्य होता था। उनके पास इस सवाल का कोई जवाब नहीं था। उन्होंने केवल इतना ही कहा कि, "ऐसा क्यों हुआ, इसकी भलीभांति वैज्ञानिक जांच होनी चाहिए।"

आइंस्टाइन और उनके आपेक्षिकता-सिद्धांत की इतनी अधिक चर्चा होने का एक बुनियादी कारण है। यह सही है कि आदमी रोटी-पानी बिना जीवित नहीं रह सकता। लेकिन यह भी उतना ही सही है कि हर आदमी सिर्फ रोटी-पानी के लिए जिंदा नहीं रहता। रोजमर्रा की जिंदगी के अलावा और भी कई बातें हैं जिनके बारे में आदमी सोचता रहता है। जैसे, हर आदमी सोचता है कि यह विश्व कितना बड़ा

है? विश्व का संचालन किन नियमों से होता है? इसमें काल की गति कैसी है? आकाश का विस्तार कहां तक है? आकाश के ये तमाम तारे, मंदाकिनियां, ग्रह-उपग्रह आदि कहां से आए? विश्व की संरचना कैसी है?

ये सब बुनियादी सवाल हैं। हर आदमी के दिमाग में किसी-न-किसी रूप में ये सवाल अवश्य उठते हैं, कोलाहल मचाते हैं। आज से नहीं, बहुत प्राचीन काल से मनुष्य इन सवालों को लेकर माथापच्ची करता आया है। यह सही नहीं है कि जिसने गणित पढ़ा हो, जिसने भौतिकी का अध्ययन किया हो, जिसे खगोल-विज्ञान की जानकारी हो, उसी के दिमाग में ये सवाल उठते हैं। ये सवाल हर आदमी के दिमाग में उठते हैं—प्राचीन काल से उठते आए हैं। संत-महात्मा, दार्शनिक, वैज्ञानिक, कवि—सभी इन सवालों के समाधान खोजते रहे हैं। **ऋग्वेद** के 'नासदीय सूक्त' (10. 129) में एक संदेहवादी ऋषि-कवि विश्वोत्पत्ति की अगम्यता के बारे में कहता है :

को अद्धा वेद क इह प्रवोचत् कुत आजाता कुत इयं विसृष्टिः।
अर्वाग् देवा अस्य विसर्जनेना ऽथा को वेद यत् आबभूव ॥6॥
इयं विसृष्टिर्यत आबभूव यदि वा दधे यदि वा न।
यो अस्याध्यक्षः परमे व्योमन् सो अङ्ग वेद यदि वा न वेद ॥7॥

अर्थात्, यह सृष्टि किससे उत्पन्न हुई, किसलिए हुई, इसे कौन जानता है? देवता भी बाद में पैदा हुए, फिर जिससे यह सृष्टि उत्पन्न हुई, उसे कौन जानता है? किसने विश्व को बनाया और वह कहां रहता है, इसे कौन जानता है? सबका अध्यक्ष परमाकाश में है। वह शायद इसे जानता है। अथवा, वह भी नहीं जानता!

और, **ऋग्वेद** में ही अन्यत्र (1.35.6) एक ऋषि चुनौती देते हुए कहता है : **इह ब्रवीतु य उ तच्चिकेतत्**, यानी यह सब जाननेवाला यदि कोई है, तो यहां आकर बताए।

आइंस्टाइन का आपेक्षिकता-सिद्धांत ऐसे ही बुनियादी सवालों के उत्तर देता है। ये उत्तर साधारण नहीं हैं, विचलित कर देनेवाले हैं। आइंस्टाइन के पहले इन सवालों के बारे में वैज्ञानिकों की अलग-अलग मान्यताएं थीं। आइंस्टाइन ने उन पुरानी मान्यताओं को तहस-नहस कर डाला। आपेक्षिकता-सिद्धांत ने विश्व का एक नया स्वरूप प्रस्तुत किया है। इस सिद्धांत ने स्पष्ट किया कि आकाश वैसा नहीं है जैसा हम सोचते हैं, काल का प्रवाह वैसा नहीं है जैसा हम मानते आए हैं, और आकाशीय पिंडों की गतियां वस्तुतः वैसी नहीं हैं जैसी कि वे हमें प्रतीत होती हैं।

आइंस्टाइन के इन नए क्रांतिकारी विचारों से वैज्ञानिक जगत में खलबली मचना एक स्वाभाविक बात थी। आम पढ़ा-लिखा आदमी भी इन विचारों से प्रभावित हुआ। मगर आपेक्षिकता के सिद्धांत को आसानी से नहीं समझा जा सकता। इसके कुछ

कारण हैं। पहली बात तो यही है कि हमें सदियों पहले के अपने रूढ़ विचार त्यागने पड़ते हैं और नए विचारों को ग्रहण करना पड़ता है। दूसरी बात यह है कि आपेक्षिकता-सिद्धांत से संबंधित ये नए विचार हमारे अपने रोजमर्रा के अनुभवों से मेल नहीं खाते, इसलिए ये हमें पहेली-जैसे प्रतीत होते हैं। तीसरी बात यह है कि गणित के जिस ढांचे में आइंस्टाइन ने अपने सिद्धांत प्रस्तुत किए हैं, वह काफी जटिल है।

कुछ हद तक तो यह सही है कि आपेक्षिकता का सिद्धांत काफी कठिन है। लेकिन इसके बारे में हौआ भी काफी खड़ा किया गया है। किसी समय यह कहा जाता था कि दुनिया के चंद वैज्ञानिक ही इसे समझ सकते हैं। लेकिन इन बातों में कोई सार नहीं है। अपने देश का ही उदाहरण लीजिए।

विशिष्ट आपेक्षिकता (Special Relativity) से संबंधित आइंस्टाइन का लेख पहली बार 1905 ई. में प्रकाशित हुआ और आपेक्षिकता के व्यापक सिद्धांत (General Relativity Theory) का प्रकाशन 1916 ई. में हुआ था। आइंस्टाइन के ये लेख जर्मन भाषा में थे।

अब आइए अपने देश में। सन् 1916 में कोलकाता विश्वविद्यालय में एक नए विज्ञान कालेज की स्थापना हुई। इस कालेज में सत्येंद्रनाथ बसु (1894-1974 ई.), मेघनाद साहा (1893-1956 ई.) और प्रशांतचंद्र महालनोबिस (1893-1972 ई.) अध्यापक नियुक्त हुए थे। कालेज नया था, फिर भी उसमें आपेक्षिकता-सिद्धांत की पढ़ाई को स्थान दिया गया। इस विषय को पढ़ाने की जिम्मेदारी सत्येन बसु और मेघनाद साहा को स्वीकार करनी पड़ी। लेकिन पढ़ाएं कैसे? उस समय आपेक्षिकता-सिद्धांत पर अंग्रेजी में भी कोई पुस्तक उपलब्ध नहीं थी। उस समय तक आइंस्टाइन के जर्मन लेखों का अंग्रेजी में अनुवाद नहीं हुआ था, इंग्लैंड में भी नहीं। कोलकाता विश्वविद्यालय के दो तरुण अध्यापकों—सत्येन बसु और मेघनाद साहा—ने इस अभाव की पूर्ति की। मेघनाद साहा ने आइंस्टाइन के 1905 ई. में प्रकाशित लेख का जर्मन से अंग्रेजी में अनुवाद किया और सत्येन बसु ने 1916 ई. में प्रकाशित व्यापक आपेक्षिकता वाले निबंध का। सन् 1920 में कोलकाता विश्वविद्यालय ने इन लेखों को पुस्तकाकार प्रकाशित किया। महालनोबिस ने पुस्तक के लिए विस्तृत ऐतिहासिक भूमिका लिखी। इस

सत्येंद्रनाथ बसु (1894-1974 ई.)

प्रकार, आइंस्टाइन के आपेक्षिकता-सिद्धांत से संबंधित लेखों को पहली बार अंग्रेजी में प्रस्तुत करने का श्रेय भारत के तरुण वैज्ञानिकों को है।

इतना ही नहीं, उसके चार साल बाद, सत्येन बसु ने 'प्लांक नियम' की नई व्युत्पत्ति से संबंधित एक शोध-निबंध तैयार किया और उसे आइंस्टाइन के पास भेजा। सत्येन बसु का वह लेख अंग्रेजी में था। आइंस्टाइन को यह लेख बहुत पसंद आया। उन्होंने स्वयं उस लेख का जर्मन में अनुवाद किया और उसे एक जर्मन पत्रिका में प्रकाशित कराया। यह जून 1924 की बात है; सत्येन बसु तब ढाका विश्वविद्यालय (अब बांग्लादेश) में प्राध्यापक थे। आगे आइंस्टाइन ने सत्येन बसु की विधि को आधार बनाकर स्वयं एक लेख लिखा। सत्येन बसु और आइंस्टाइन के संयुक्त प्रयास से जो सैद्धांतिक विधि अस्तित्व में आई वह भौतिकी में आज "बोस-आइंस्टाइन सांख्यिकी" के नाम से प्रसिद्ध है।

अतः यह कहना कि आरंभिक वर्षों में बहुत कम वैज्ञानिक आपेक्षिकता-सिद्धांत को समझने में समर्थ थे, सही नहीं है। आइंस्टाइन ने यह कभी नहीं कहा कि केवल चंद वैज्ञानिक ही उनके सिद्धांत को समझ सकते हैं। सन् 1921 की बात है। एक अमरीकी पत्रकार ने उनसे पूछा : "दुनिया के कितने लोग आपके सिद्धांत को समझ सकते हैं?" आइंस्टाइन का उत्तर था : "कोई भी भौतिकवेत्ता इस सिद्धांत को समझ सकता है।" यहां 'भौतिकवेत्ता' का मतलब ऐसा व्यक्ति है जिसने उच्च गणित और भौतिकी का गहन अध्ययन किया हो।

सच्चाई यह है कि आपेक्षिकता के सिद्धांत को गणित के संकेतों में ही ठीक-ठीक समझाया जा सकता है। यदि हम आम भाषा में आपेक्षिकता-सिद्धांत को समझाने का प्रयास करते हैं तो ऐसी-ऐसी चौंकाने वाली बातें सामने आती हैं जो हमें पहेली-जैसी लगती हैं। ये पहेलियां गणित में भी मौजूद हैं, मगर गणित के संकेत हमें उतना अधिक नहीं चौंकाते। एक उदाहरण लीजिए। सवाल है : "एक आदमी 100 रुपए लेकर बाजार में चीजें खरीदने जाता है। बाजार में वह 115 रुपए की चीजें खरीदता है। बताइए, उसके पास कितने रुपए शेष बचे?"

सवाल पहेली-जैसा लगता है। हम सोचते हैं : जब उस आदमी के पास सिर्फ 100 रुपए ही थे, तो उसने 115 रुपए कैसे खर्च किए? क्या उसने 15 रुपए किसी से उधार लिए? या 15 रुपए की कोई चीज़ वह उधार लाया?

लेकिन गणित की भाषा निराली है। ऊपर के सवाल का गणित के पास सरल-सा उत्तर है : –15 रुपए। यह एक ऋण राशि है। हम जानते हैं कि इस भौतिक विश्व में किसी भी ऋण राशि का अस्तित्व नहीं है। फिर भी हम शुरू से

ही गणित में इन ऋण राशियों का इस्तेमाल करते हैं, बेहिचक।

गणित में ऐसी बहुत-सी राशियां हैं, ऐसे अनेक संकेत हैं, ऐसी नाना विधियां हैं, जिनके लिए इस भौतिक जगत में उदाहरण नहीं मिलते। दरअसल, आधुनिक गणित भौतिक जगत की कोई परवाह नहीं करता। उसे परवाह रहती है तो केवल अपने तार्किक नियमों की। तार्किक ढांचे पर खड़ी की गई गणित की कोई विधि भौतिक जगत पर लागू होती है तो ठीक है, नहीं होती है तब भी ठीक है। यही गणित की शक्ति है।

इस भौतिक विश्व में शून्य (0) वस्तु का कोई अस्तित्व नहीं है। बाजार में जाकर आप 'शून्य वस्तु' या 'कुछ नहीं' नहीं खरीद सकते। लेकिन गणित में इसी शून्य संकेत (0) का कितना बड़ा महत्व है, इसे हम सभी जानते हैं।

एक समय ऐसा भी था जब शून्य का कहीं कोई इस्तेमाल नहीं होता था। प्राचीन यूनान के यूक्लिड और आर्किमीदीज जैसे चोटी के गणितज्ञों को इस शून्य की जानकारी नहीं थी। हमारे देश में भी अशोक मौर्य, कनिष्क और सातवाहनों के समय में संख्याओं में शून्य संकेत का प्रयोग नहीं होता था।

आज सारे संसार में जिस अंक-पद्धति का इस्तेमाल होता है उसमें शून्य सहित कुल दस संकेत हैं। इन दस संकेतों से हम बड़ी-से-बड़ी संख्या को लिख सकते हैं। इनमें प्रत्येक संकेत का अपना एक निजी मान है। फिर, प्रत्येक संकेत का संख्या में उसके स्थान के अनुसार मान बदलता रहता है। इसलिए इसे **दाशमिक स्थानमान अंक-पद्धति** कहते हैं। इसमें शून्य (0) तो और भी अद्‌भुत चीज है। किसी भी संख्या के आगे शून्य रख दीजिए, उसका मान दस गुना बढ़ जाता है!

शून्य की धारणा पर आधारित इस 'दाशमिक स्थानमान अंक-पद्धति' की खोज भारत में हुई—ईसा की आरंभिक सदियों में, आज से लगभग दो हजार साल पहले। आज यह अंक-पद्धति हमें पहेली-जैसी नहीं लगती। इसी अंक-पद्धति से बच्चे अपनी पढ़ाई आरंभ करते हैं। परंतु हमें यह नहीं भूलना चाहिए कि शून्य की अमूर्त धारणा पर आधारित इस नई अंक-पद्धति को अपने ही देश में पूर्ण रूप से अपनाने में सात-आठ सौ साल का लंबा समय लगा। यूरोप में इसका प्रचार-प्रसार होने में और भी अधिक समय लगा।

जब कोई नया क्रांतिकारी विचार सामने आता है, तो वह हमारे पुराने रूढ़ विचारों पर जबरदस्त प्रहार करता है। हम पुराने विचारों के आदी होते हैं, इसलिए भी नए विचारों को समझने में, उन्हें स्वीकार करने में हमें बड़ी कठिनाई होती है। नया विचार हमें झकझोर देता है, रहस्यमय लगता है, पहेली-जैसा प्रतीत होता है।

आइंस्टाइन के आपेक्षिकता-सिद्धांत के साथ भी यही हुआ।

पुराने और नए विचारों के टकराव का एक और उदाहरण लीजिए। आज स्कूल के विद्यार्थी भी जानते हैं कि पृथ्वी अपनी धुरी पर चक्कर लगाती है। लेकिन प्राचीन काल के खगोलविद—भारतीय और यूनानी भी—इस तथ्य को मानने के लिए तैयार नहीं थे। वेदों में और स्मृतियों में भी कहा गया है कि पृथ्वी स्थिर है, अचला है।

आज से करीब डेढ़ हजार साल पहले हमारे देश में आर्यभट (जन्म 476 ई.) एक महान गणितज्ञ-खगोलविद हुए। उन्होंने पहली बार अपने ग्रंथ **आर्यभटीय** में प्रतिपादित किया कि पृथ्वी (भू) अपनी धुरी पर पश्चिम से पूर्व की ओर घूमती है, इसीलिए आकाश के तारे हमें पूर्व से पश्चिम की ओर जाते दिखाई देते हैं। मगर किसी ने भी आर्यभट की इस बात को नहीं माना। वराहमिहिर (मृत्यु 587 ई.) और ब्रह्मगुप्त (जन्म 598 ई.) जैसे चोटी के ज्योतिषियों ने आर्यभट के भूभ्रमण के विचार की खिल्ली उड़ाई। कहा गया : "यदि पृथ्वी घूमती है, तो चील आदि पक्षी अपने घोंसलों में कैसे वापस लौटते हैं? ऊंचे-ऊंचे पर्वत और प्रासाद गिर क्यों नहीं जाते?" इतना ही नहीं, आर्यभट के टीकाकारों ने, पुरोहितों के प्रभाव के कारण, आर्यभटीय के **भू** व **कु** (= पृथ्वी) शब्दों को **भं** (= आकाश) में बदल दिया। अन्य शब्दों में, आर्यभट के भूभ्रमण को भभ्रमण में तब्दील कर दिया!

सचमुच ही, सदियों पुरानी रूढ़ मान्यता को त्यागने में बड़ी दिक्कत होती है। पुरानी मान्यता में अंधी आस्था होने से ही नए विचार को ग्रहण करने में बड़ी कठिनाई होती है।

आपेक्षिकता-सिद्धांत में आकाश, द्रव्य, काल, गति, गुरुत्वाकर्षण, ज्यामिति आदि के बारे में नितांत नए विचार प्रस्तुत किए गए हैं। सन् 1905 तक इन सबके बारे में भौतिकविदों की निश्चित धारणाएं थीं। कम-से-कम आइजेक न्यूटन (1642-1727 ई.) के समय से इन धारणाओं के प्रति गहरी आस्था बनी हुई थी। बड़े मजे में काम चल रहा था। न्यूटन के गुरुत्वाकर्षण के सिद्धांत के आधार पर आकाशीय पिंडों की गतिविधियों को सहजता से समझाया जाता था।

आइंस्टाइन ने एक ही प्रहार में इन सभी पुरानी धारणाओं को चकनाचूर कर दिया। उन्होंने प्रस्थापित किया : आकाश (दिक्) का स्वरूप वैसा नहीं है जैसा न्यूटन ने कहा है; काल का प्रवाह वैसा नहीं है जैसा कि हम समझते हैं; आकाशीय पिंडों की गतियां वैसी नहीं हैं जैसी हमें प्रतीत होती हैं; गुरुत्वाकर्षण का स्वरूप वस्तुतः वैसा नहीं है जैसा न्यूटन बताते हैं; यूक्लिड की ज्यामिति वास्तविक विश्व की ज्यामिति नहीं है।

बुनियादी धारणाओं पर एकसाथ इतने जबरदस्त प्रहार विज्ञान के इतिहास में पहले कभी नहीं हुए थे। इसलिए आइंस्टाइन के आपेक्षिकता-सिद्धांत से वैज्ञानिक जगत में जोरदार खलबली मच गई, तो इसमें आश्चर्य की कोई बात नहीं है। जो वैज्ञानिक पुरानी धारणाओं के जितने ज्यादा आदी थे, उन्हें आइंस्टाइन के नए विचार ग्रहण करने में उतनी ही अधिक दिक्कत हुई। दरअसल, आइंस्टाइन के आपेक्षिकता-सिद्धांत की जो कठिनाई है, वह एक सापेक्षिक कठिनाई है।

शून्य या ऋण राशि की धारणा आपेक्षिकता-सिद्धांत की धारणाओं से कम जटिल नहीं है। न्यूटन का गुरुत्वाकर्षण का सिद्धांत भी आइंस्टाइन के आपेक्षिकता-सिद्धांत से कम कठिन नहीं है, कम 'रहस्यमय' नहीं है। न्यूटन के गुरुत्वाकर्षण की इस बात को आज हम आंख मूंदकर स्वीकार कर लेते हैं कि विश्व का हर पिंड हर दूसरे पिंड को आकर्षित करता है। और, इस धारणा को स्वीकार करके स्कूल-कालेज के विद्यार्थी बड़े मजे में न्यूटन के सूत्र का उपयोग करके बता दे सकते हैं कि सूर्य कितने बल से पृथ्वी को आकर्षित करता है, कि पृथ्वी कितने बल से चंद्रमा को आकर्षित करती है, कि कोई कृत्रिम उपग्रह पृथ्वी के आकर्षण के अंतर्गत कितनी ऊंचाई पर किस वेग से चक्कर लगाएगा।

लेकिन यदि किसी से पूछा जाए कि यह गुरुत्वाकर्षण क्या चीज़ है, कैसी 'अदृश्य शृंखला' है कि जिसके कारण चंद्रमा पृथ्वी से बंधा रहता है और सारे ग्रह सूर्य की परिक्रमा करते हैं, तो इस सवाल का कोई संतोषजनक उत्तर नहीं मिलता है। स्वयं न्यूटन के पास भी इस सवाल का कोई उत्तर नहीं था। लेकिन आइंस्टाइन ने इस सवाल का उत्तर दिया। कम-से-कम उन्होंने इस बुनियादी धारणा को व्यापक रूप दिया, इसकी अधिक सुसंगत व्याख्या प्रस्तुत की। इसी प्रकार, आइंस्टाइन ने आकाश (दिक्) और काल जैसी बुनियादी धारणाओं की भी नई व्याख्याएं प्रस्तुत कीं।

न्यूटन ने मान लिया था कि आकाश और काल का अपना स्वतंत्र अस्तित्व है। उन्होंने मान लिया था कि आकाश में ग्रह, नक्षत्र आदि पिंड न रहे तब भी आकाश पूर्ववत् विद्यमान रहेगा। इसी प्रकार, मान लिया गया था कि काल का अपना स्वतंत्र अस्तित्व है; घटनाएं घटित न हों, तब भी काल का प्रवाह यथावत् कायम रहेगा।

आइंस्टाइन ने कहा : नहीं, यह ऐसा नहीं है। भौतिक पिंडों के बिना आकाश की अपनी कोई स्वतंत्र सत्ता नहीं है; घटनाओं के बिना काल के प्रवाह का अपना कोई पृथक् अस्तित्व नहीं है। आइंस्टाइन ने आकाश और काल की स्वतंत्र सत्ताओं को स्वीकार नहीं किया। उन्होंने आकाश और काल को द्रव्य और घटनाओं के साथ जोड़ दिया, अभिन्न रूप से।

पुरानी धारणाओं का पक्का प्रभाव न हो, तो नई धारणाओं को अधिक आसानी से ग्रहण किया जा सकता है। ताजे या खुले दिमाग को आइंस्टाइन के सिद्धांत की बुनियादी बातें उतनी ही आसानी से समझाई जा सकती हैं, जितनी सरलता से हम बच्चों को शून्य तथा ऋण राशि की धारणाएं समझा सकते हैं या जितनी आसानी से हम स्कूल-कालेज के विद्यार्थियों को न्यूटन का गुरुत्वाकर्षण का सिद्धांत समझा सकते हैं।

फिर भी एक समस्या रह जाती है। यह है गणित की समस्या। आइंस्टाइन ने जिस गणित में अपने आपेक्षिकता-सिद्धांत को प्रस्तुत किया है, वह आधुनिक गणित है, उच्च गणित है। उन्होंने यूक्लिड की ज्यामिति का नहीं, एक नई ज्यामिति का उपयोग किया है, जो एक अयूक्लिडीय ज्यामिति है। उन्होंने दिक् (आकाश) और काल को संयुक्त करके 'दिक्काल' की व्याख्या के लिए हरमान मिंकोवस्की (1864-1909 ई.) द्वारा विकसिक चार विमाओं वाली उस ज्यामिति का उपयोग किया जिसमें काल की एक विमा और दिक् की तीन विमाएं हैं। इसी प्रकार, उन्होंने जिस कलन-गणित (कैल्कुलस) का इस्तेमाल किया है, वह भी कुछ भिन्न है, काफी कठिन है। दूसरा कोई उपाय भी नहीं है। आपेक्षिकता के सिद्धांत को इसी गणित में प्रस्तुत करके प्राणवान् बनाया जा सकता है।

अतः कठिनाई आपेक्षिकता-सिद्धांत की बुनियादी धारणाओं को समझने या समझाने की नहीं है। वास्तविक कठिनाई गणित के उस ढांचे की है जिस पर आपेक्षिकता-सिद्धांत का भव्य भवन खड़ा किया गया है। गणित के ढांचे की इस कठिनाई से आइंस्टाइन स्वयं परेशान थे, वे भी दूसरे गणितज्ञों की मदद लेते थे।

परंतु बिना गणित के या काफी सरल गणित से भी आपेक्षिकता-सिद्धांत की बुनियादी धारणाओं को समझा जा सकता है। लेव लांदाऊ और यूरी रूमेर द्वारा लिखित इस पुस्तक (**आपेक्षिकता-सिद्धांत क्या है**) में यही प्रयास किया गया है।

प्रायः सभी कहते हैं कि न्यूटन के बाद दुनिया के सबसे बड़े वैज्ञानिक आइंस्टाइन ही थे। मगर दोनों के जीवन में बहुत बड़ा अंतर है। न्यूटन की खोजों से वैज्ञानिक जगत में क्रांतिकारी परिवर्तन हुआ था, परंतु उनके जीवन से, उनके सामाजिक विचारों से दुनिया में तो क्या, उनके अपने इंग्लैंड में भी कोई बड़ी उथल-पुथल नहीं हुई थी।

आइंस्टाइन की बात अलग है। एक तरफ, ईर्द-गिर्द के बातावरण ने, राजनीति ने, सामाजिक एवं वैचारिक परंपराओं ने आइंस्टाइन के जीवन को घनघोर रूप से प्रभावित किया, तो उनके विचारों ने भी जागतिक स्तर पर समूची मानव-जाति को

प्रभावित किया। आइंस्टाइन के जीवन की घटनाओं का बीसवीं सदी के सामाजिक-राजनीतिक-वैचारिक इतिहास में बहुत बड़ा महत्व है।

आइंस्टाइन ने "आत्मकथा" के नाम पर सिर्फ दो लेख लिखे हैं–जीवन के अंतिम वर्षों में। इनमें भी उन्होंने अपने कृतित्व की ही अधिक चर्चा की है। लेकिन आपेक्षिकता-सिद्धांत के प्रकाशन के बाद उनके संपर्क में आए हजारों व्यक्तियों ने उनके जीवन की प्रत्येक घटना का, उनकी प्रत्येक हलचल का, उनके प्रायः प्रत्येक शब्द का लेखा-जोखा रखा है। वस्तुतः, बीसवीं सदी के, संभवतः समूचे इतिहास के, वही एक वैज्ञानिक हैं जिनके बारे में सबसे ज्यादा लिखा गया है। परंतु आइंस्टाइन को अपने जीवन की घटनाओं के प्रकाशन में कोई दिलचस्पी नहीं थी। दूसरों के द्वारा लिखी हुई उनकी कई जीवनियों को उन्होंने पसंद भी नहीं किया, प्रामाणिक नहीं माना।

अल्बर्ट आइंस्टाइन (Albert Einstein) का जन्म दक्षिण जर्मनी के उल्म नगर में 14 मार्च, 1879 को हुआ था, एक यहूदी-जर्मन परिवार में। डेन्यूब नदी के तट पर बसा हुआ यह एक छोटा किंतु पुराना नगर था। आइंस्टाइन-परिवार मूलतः उल्म से कोई पचास किलोमीटर दूर के बुख़ाउ कस्बे का रहने वाला था, कई पीढ़ियों से। अल्बर्ट के पिता हरमान आइंस्टाइन का जन्म (1847 ई. में) बुख़ाउ में ही हुआ था। यहीं पर एक सम्पन्न व्यापारी परिवार की युवती पॉलिन कॉख़ से 1876 ई. में हरमान का विवाह हुआ था। विवाह के तीन साल बाद अल्बर्ट का जन्म हुआ।

उल्म में हरमान आइंस्टाइन ने, अपने ससुराल वालों के सहयोग से, बिजली की चीजों की एक वर्कशॉप खोली थी। मगर उनका यह धंधा चला नहीं। अल्बर्ट के जन्म के करीब डेढ़ साल बाद हरमान ने उल्म छोड़ दिया और वह म्यूनिख़ चले गए। यहां उन्होंने अपने इंजीनियर भाई याकोब के साथ मिलकर बिजली और रसायन की चीजें बनाने का एक छोटा-मोटा कारखाना खोला। सन् 1894 तक आइंस्टाइन-परिवार इसी म्यूनिख़ नगर में रहा। म्यूनिख़ आने के एक साल बाद, यानी अल्बर्ट जब ढाई साल का था, तब परिवार में एक बालिका–माया–का जन्म हुआ। अल्बर्ट आइंस्टाइन की इस बहन ने लंबे समय तक उनका साथ दिया। माया का एक निबंध आइंस्टाइन-परिवार और भाई अल्बर्ट के आरंभिक जीवन के बारे में प्रामाणिक जानकारी देता है।

हरमान आइंस्टाइन काफी आजाद खयालों के व्यक्ति थे। यहूदी थे, मगर रहन-सहन, खान-पान और रीति-रिवाजों में वह धर्मकर्म से दूर ही रहते थे। म्यूनिख़ प्रमुखतः कैथोलिक वातावरण का नगर था। अल्बर्ट जब पांच साल का हुआ, तो उसे

एक कैथोलिक स्कूल में ही भरती किया गया। आगे के पांच साल तक इसी स्कूल में अल्बर्ट की पढ़ाई हुई।

अल्बर्ट औसत स्तर का बालक था। उस समय उसमें कहीं कोई असाधारण बात नज़र नहीं आती थी। बोलना उसने काफी विलंब से शुरू किया। आइंस्टाइन के बचपन के जीवन को आगे के उनके वैज्ञानिक के जीवन के साथ जोड़ने के लिए केवल एक घटना का उल्लेख किया जाता है। तब अल्बर्ट करीब पांच साल का था। एक दिन उसके पिता ने उसे एक जेबी कंपास यानी कुतुबनुमा दिखाया। अल्बर्ट को यह देखकर बड़ा आश्चर्य हुआ कि कंपास को चाहे जिधर घुमाया जाए, उसकी लोहे की सुई हमेशा एक ही दिशा की ओर निर्देश करती है। इससे अल्बर्ट को लगा कि आकाश में कोई ऐसी चीज़ अवश्य होनी चाहिए जो उस सुई को प्रभावित करती है, कि आकाश जैसा रिक्त दिखता है वैसा वस्तुतः यह है नहीं। कहा जा सकता है कि आइंस्टाइन का क्षेत्र बल (field force) से यह पहला साक्षात्कार था।

अल्बर्ट की मां पॉलिन का कॉख़ परिवार धनी ही नहीं, सुसंस्कृत भी था। पॉलिन को जर्मन साहित्य की अच्छी जानकारी थी। साथ ही, वह संगीत की भी अच्छी जानकार थी। अल्बर्ट ने भी छह साल की उम्र से वायलिन सीखना शुरू कर दिया था। बाद में वायलिन-वादन आइंस्टाइन के जीवन का अभिन्न अंग बन गया था।

अल्बर्ट पर जिन घटनाओं अथवा व्यक्तियों का दीर्घकालीन प्रभाव पड़ा, उनमें उनकी संगीत-प्रेमी माता और उनके गणित-प्रेमी पिता के अलावा परिवार के दो और व्यक्तियों का उल्लेख किया जा सकता है। इंजीनियर चाचा याकोब ने अल्बर्ट में गणित के प्रति दिलचस्पी पैदा करने में योग दिया। इस संबंध में एक किस्सा बताया जाता है। चाचा याकोब अल्बर्ट से कहते : "बीजगणित बड़ी मजेदार चीज़ है। मान लो कि हम किसी छोटे जानवर का शिकार करने जाते हैं, मगर नहीं जानते कि उसका नाम क्या है, तब उसे हम 'क्ष' नाम देते हैं। जब शिकार फांस लेते हैं, पकड़ लेते हैं, तब उसे उसका असली नाम दे देते हैं।"

किंतु दिमागी तौर पर परिवार के जिस व्यक्ति के सामने वे सबसे अधिक खुले, वह थे उनके मामा कैसर कॉख़। वह स्टुटमार्ट में रहते थे। जब कभी वह म्यूनिख़ आते, अल्बर्ट के लिए वे दिन बड़ी खुशी के होते थे। मामा और भांजे के बीच आस्था और विश्वास के गहरे संबंध स्थापित हो गए थे।

नौ साल की उम्र में अल्बर्ट को लुइट्पोल्ड जिमनेझियम में भरती किया गया। 'जिमनेझियम' का शाब्दिक अर्थ है—व्यायामशाला। परंतु जर्मनी में इस शब्द का अर्थ था—माध्यमिक स्कूल। अल्बर्ट ने छह साल तक इस स्कूल में पढ़ाई की। जिमनेझियम

में पुराने ढर्रे की पढ़ाई होती थी, यूनानी और लैटिन भाषाओं को अधिक महत्व दिया जाता था और अनुशासन काफी सख़्त था। स्कूल के इस कड़े अनुशासन के बारे में काफी बाद में आइंस्टाइन ने एक बार बताया था : "प्राथमिक स्कूल के शिक्षक मुझे सारजेंट-जैसे लगते थे और जिमनेझियम के अध्यापक लेफ्टिनेंट-जैसे।"

अल्बर्ट जैसे-तैसे ऊपरी कक्षाओं में पहुंचते गए। उनके विद्यार्थी जीवन में कहीं कोई असाधारण बात नहीं थी। उनके अध्यापकों को भी उनमें कोई खास बात नज़र नहीं आई।

इस प्रकार, कहा जा सकता है कि म्यूनिख़ के उस जिमनेझियम की पढ़ाई का आइंस्टाइन के आगे के वैज्ञानिक कृतित्व को निर्धारित करने में कोई निर्णायक भूमिका नहीं रही। मगर उसी दौरान उन्हें एक तरुण विद्यार्थी से उनकी मनपसंद चीजें मिलीं। पोलैंड-निवासी मैक्स तालमेय म्यूनिख़ में चिकित्सा-विज्ञान के विद्यार्थी थे। वे यहूदी थे और आइंस्टाइन-परिवार में उनका आना-जाना था। विज्ञान के प्रति अल्बर्ट का विशेष लगाव देखकर मैक्स ने उनके लिए एक ऐसी पुस्तकमाला लाकर दी जिसमें जीव-विज्ञान, वनस्पति-विज्ञान, खगोल-विज्ञान, भूगोल आदि विषयों की सरल व दिलचस्प जानकारी दी गई थी। उन्होंने अल्बर्ट को एक और पुस्तक लाकर दी–"द्रव्य और बल"। अल्बर्ट ने उन पुस्तकों को बड़े चाव से पढ़ा। कुछ समय बाद मैक्स ने जब देखा कि अल्बर्ट की गणित में अधिक दिलचस्पी है, तो उन्होंने ज्यामिति की एक पुस्तक लाकर दी। अल्बर्ट स्वयं ही उस पुस्तक के सवाल हल करते गए। उसी दौरान उन्होंने चार्ल्स डारविन (1809-1882 ई.) को भी पढ़ा।

आइंस्टाइन यहूदी थे, इसलिए जिमनेझियम में उन्हें यहूदी धर्म की भी शिक्षा मिली। उन्होंने पुरानी बाइबल का अध्ययन किया। उन्होंने स्पष्ट देखा कि धर्म और विज्ञान का कोई तालमेल नहीं बैठता। आइंस्टाइन अपने पैतृक धर्म से और दूर हट गए। उन्होंने यहूदी धर्म के कर्मकांड में भाग न लेने का फैसला कर लिया।

म्यूनिख़ में हरमान आइंस्टाइन का व्यवसाय चल नहीं रहा था। इसलिए उन्होंने इटली के मिलान नगर में जाकर वहां नए सिरे से व्यवसाय स्थापित करने का निर्णय लिया। ससुरालवाले उनकी मदद करने को तैयार थे। सन् 1894 में हरमान आइंस्टाइन अपने परिवार को लेकर मिलान चले गए। बेटी माया भी उनके साथ ही गई। अल्बर्ट को म्यूनिख़ में अपनी पढ़ाई पूरी करनी थी, इसलिए हरमान ने बेटे को एक बोर्डिंग हाउस में दाखिल कर दिया। पिता चाहते थे कि उनका बेटा विद्युत् इंजीनियर बने। पर बेटे के विचार भिन्न थे। छह महीने बाद ही अल्बर्ट ने पढ़ाई छोड़ दी और वह पिता के पास मिलान पहुंच गए। जिमनेझियम के जेलख़ाने से छुट्टी

मिलने के कारण अल्बर्ट बेहद खुश थे। पंद्रह साल का तरुण इटली के सुरम्य वातावरण में पहुंच गया था। लगभग एक साल का उनका समय मौजमस्ती और सैर-सपाटे में गुजरा।

बाद में जब आइंस्टाइन की महान खोज—आपेक्षिकता-सिद्धांत—की सारी दुनिया में चर्चा होने लगी, तो बहुत-से अन्वेषक यह जानने के लिए उत्सुक हो उठे कि उन्होंने यह खोज किस प्रकार की। विशिष्ट आपेक्षिकता-सिद्धांत से संबंधित उनका लेख 1905 ई. में प्रकाशित हुआ था, 26 साल की आयु में। आइंस्टाइन से पूछा जाता था : चिंतन और प्रेरणाओं के किस दौर से गुजरकर वह अपनी इस खोज तक पहुंचे थे।

प्रेरणाएं अनेक थीं, इसलिए बाद में आइंस्टाइन भी यकीन के साथ कुछ बताने में समर्थ नहीं थे। परंतु इतना वह स्पष्ट बताते थे कि इस दिशा में गंभीरता से सोचना उन्होंने 1884-85 ई. में आरंभ कर दिया था। यह वह समय है जब आइंस्टाइन म्यूनिख़ के जिमनेझियम की पढ़ाई अधूरी छोड़कर मिलान के उन्मुक्त माहौल में पहुंच गए थे। उस समय उनकी उम्र पंद्रह-सोलह साल की थी।

इसी काल का आइंस्टाइन का एक छोटा लेख, उनका पहला लेख, प्रकाश में आया है। इस लेख को प्रकाश में लाने का श्रेय भारतीय अन्वेषक डा. जगदीश मेहरा को है। आइंस्टाइन ने पांच पृष्ठों का यह लेख उस समय तैयार किया था जब वह अपने माता-पिता के साथ मिलान में थे। एक चिट्ठी के साथ यह लेख उन्होंने अपने मामा कैसर कॉख़ को भेजा था। लेख का शीर्षक है : "चुंबकीय क्षेत्रों में ईथर की स्थिति की खोज के बारे में"। इस लेख से साफ़ पता चलता है कि पंद्रह-सोलह साल के आइंस्टाइन ने आपेक्षिकता-सिद्धांत की बुनियादी धारणाओं के बारे में चिंतन शुरू कर दिया था।

आइंस्टाइन मिलान में लगभग एक साल तक रहे। पढ़ाई को आगे जारी रखना था। पिता हरमान ने भी बेटे को साफ-साफ बता दिया कि वह अपनी 'दार्शनिक मूर्खता' त्याग दे और विद्युत् इंजीनियर बनने के लिए मन लगाकर पढ़ाई पूरी करे। आगे की पढ़ाई के लिए ज्यूरिख़ (स्विट्ज़रलैंड) का पॉलिटेकनिक इंस्टीट्यूट (जिसे संक्षेप में 'पॉली' कहा जाता था) पसंद किया गया। जर्मनी के बाहर विज्ञान की पढ़ाई के लिए यूरोप का यह सर्वोत्तम संस्थान था। इसमें दाखिला पाने के लिए प्रवेश-परीक्षा देनी पड़ती थी। दरअसल, यह एक प्रकार का प्रशिक्षण कालेज था। इस शिक्षण संस्था का उद्देश्य था, ऊंचे दर्जे के अध्यापक तैयार करना।

आइंस्टाइन ने ज्यूरिख़ जाकर प्रवेश-परीक्षा दी, परंतु उसमें वह फेल हो गए।

वजह यह थी कि वह गणित में तो काफी आगे थे, मगर दूसरे विषयों में कच्चे थे। पॉलिटेकनिक के प्राचार्य एलविन हेरजोग उनकी गणितीय प्रतिभा से काफी प्रभावित हुए। उन्होंने आइंस्टाइन को सलाह दी कि वह ज्यूरिख़ से करीब 35 किलोमीटर दूर के आराउ स्थान के एक प्रांतीय स्कूल में भरती होकर एक साल तैयारी करें; उसके बाद पॉलिटेकनिक में उन्हें प्रवेश मिल जाएगा।

आइंस्टाइन ने 1895-96 ई. का एक साल का समय आराउ के प्रांतीय स्कूल में गुजारा। यहां उन्हें अनुकूल वातावरण मिला---खुलापन, सौंदर्य और उन्मुक्तता। जर्मनी के कठोर माहौल से उन्हें नफ़रत-सी हो गई थी। इसलिए उसी दौर में उन्होंने अपनी जर्मन नागरिकता त्याग दी; आगे के लगभग छह साल तक वे नियमतः किसी भी देश के नागरिक नहीं थे।

आराउ में अल्बर्ट आइंस्टाइन

स्वतंत्र वैज्ञानिक चिंतन की दृष्टि से भी आइंस्टाइन का वह एक साल शुष्क नहीं रहा। आपेक्षिकता-सिद्धांत की बुनियादी धारणाओं से संबंधित कई सवाल इसी दौर में पहेली बनकर उनके मस्तिष्क में कोलाहल मचाने लग गए थे। जैसे, वह इस सवाल के बारे में सोचने लग गए थे कि यदि कोई व्यक्ति प्रकाश-पुंज पर सवार होकर प्रकाश के वेग (3,00,000 किलोमीटर प्रति सेकंड) से यात्रा करता है, तो क्या-क्या घटित होगा।

विज्ञान का इतिहास इस तथ्य का साक्षी है कि ऐसे बुनियादी सवालों ने ही अनेक महान सिद्धांतों को जन्म दिया है। परंपरा से हटकर जब-जब ऐसे पहेली-नुमा बुनियादी सवाल उठाए गए हैं, तब-तब विज्ञान के विविध क्षेत्रों में क्रांतिकारी आविष्कार हुए हैं। सोलह साल के तरुण आइंस्टाइन का यह सवाल उठाना इस बात का स्पष्ट सबूत है कि वह विशिष्ट आपेक्षिकता-सिद्धांत की प्रस्तुति (1905 ई.) के कम-से-कम दस साल पहले से इसके बारे में चिंतन करते आ रहे थे।

प्रकाश का वेग आपेक्षिकता-सिद्धांत की बुनियादी धारणा है। प्रकाश की किरणें 3,00,000 किलोमीटर प्रति सेकंड के वेग से दौड़ती हैं। विशाल विश्व के बारे में हमारी जानकारी इन्हीं किरणों पर आधारित है। लेकिन यहां धरती पर, हमारे रोजमर्रा के जीवन में, हमें इतने बड़े वेग का सामना नहीं करना पड़ता; हमारे दैनंदिन

जीवन की कोई भी चीज इतने भयंकर वेग से नहीं दौड़ती। हमारे रोजमर्रा के अनुभव की सभी गतियां प्रकाश के वेग की तुलना में बहुत सीमित हैं। न्यूटन की यांत्रिकी के नियम इन्हीं सीमित गतियों की व्याख्या करते हैं। द्रव्य के स्वरूप के बारे में हमारी धारणा इन्हीं सीमित गतियों पर आधारित है। काल के स्वरूप से संबंधित हमारी सोच इन्हीं सीमित गतियों पर आधारित है। आकाश (दिक्) के स्वरूप के बारे में हमारी मान्यता भी इन्हीं सीमित गतियों पर आधारित है।

दिक्, काल और द्रव्य जैसी सत्ताओं का गति के साथ क्या संबंध है? क्या इनका अपना स्वतंत्र अस्तित्व है? यदि कोई चीज़ प्रकाश के वेग से दौड़ती है, तो क्या उसके द्रव्य का स्वरूप पूर्ववत् बना रहेगा? यदि घटनाएं प्रकाश के वेग से घटित होती हैं, तो क्या काल का प्रवाह पूर्ववत् कायम रहेगा? यदि कोई व्यक्ति प्रकाश के वेग से यात्रा करता है, तो क्या तब भी दिक् की ज्यामिति हमारे रोजमर्रा के अनुभव की यूक्लिडीय ज्यामिति ही बनी रहेगी?

आराउ के विद्यार्थी जीवन में तरुण आइंस्टाइन के दिमाग में जो सवाल उठे, वे इसी कोटि के मूलभूत सवाल थे। ऐसे सवाल उठाना ही अपने आप में एक बहुत बड़ी उपलब्धि है। ऐसे सवालों को उठाने का अर्थ है द्रव्य, काल, दिक्, ऊर्जा, गति आदि के बारे में जो पुरानी मान्यताएं थीं, उन पर प्रश्नचिह्न लगाना। अपने आपेक्षिकता के सिद्धांत में आइंस्टाइन ने इन्हीं मूलभूत धारणाओं की नई व्याख्याएं प्रस्तुत की हैं, इनमें तारतम्य स्थापित करने के लिए नए समीकरण खोज निकाले हैं।

आराउ के स्कूल की पढ़ाई पूरी करके आइंस्टाइन ज्यूरिख़ आए। अक्तूबर 1896 में उन्हें पॉलिटेकनिक में प्रवेश मिल गया। वहां चार साल रहकर उन्होंने गणितीय भौतिकी के विषयों की पढ़ाई पूरी की। खर्च के लिए मामा की ओर से प्रति माह 100 फ्रांक की व्यवस्था हो गई थी। उनमें से भी वह 20 फ्रांक अलग रखते थे—स्विट्ज़रलैंड की नागरिकता की फीस अदा करने के लिए। बाकी में जैसे-तैसे अपना गुजारा करते थे।

ज्यूरिख़ का माहौल म्यूनिख़ से काफी भिन्न था। यह एक तरह से यूरोप का एक अंतर्राष्ट्रीय नगर था। यूरोप के दूसरे देशों के विद्यार्थी यहां पढ़ने आते थे। पॉलिटेकनिक के अपने कई साथियों से आइंस्टाइन की गहरी मित्रता स्थापित हुई। ऐसे ही एक मित्र थे मार्सेल ग्रॉसमान, जो नियमित रूप से क्लासों में जाकर नोट्स तैयार करते थे। आइंस्टाइन नियम से क्लासों में नहीं जाते थे। ग्रॉसमान के नोट्स की मदद से ही आइंस्टाइन इम्तहान पास करते गए। उनके साथ ऑस्ट्रिया-हंगेरी की एक युवती मिलेवा मारिश भी पढ़ती थी। दोनों में गहरी दोस्ती हो गई। बाद में दोनों

का विवाह हुआ।

बाद के आइंस्टाइन की संत-महात्मा जैसी छवि को देखकर बहुत-से लोग यह कल्पना कर लेते हैं कि विद्यार्थी जीवन में भी आइंस्टाइन बड़े सीधे-सादे व संकोची स्वभाव के रहे होंगे, हमेशा अध्ययन व चिंतन में डूबे रहते होंगे। ऐसी कोई बात नहीं है; वह एक 'आदर्श' विद्यार्थी नहीं थे। पढ़ाई व चिंतन में वह खो जाते थे, परंतु वह पढ़ाई, वह चिंतन इम्तहान पास करने के लिए नहीं था। रहन-सहन के मामले में वह स्वभावतः लापरवाह थे, लेकिन इसका अर्थ यह नहीं है कि वह निरस स्वभाव के थे। उनकी मित्र-मंडली का दायरा सीमित था, लेकिन वह तरुणियों से दूर नहीं भागते थे। एक सीमित दायरे में आइंस्टाइन का आचरण काफी उन्मुक्त था।

ज्यूरिख़ पॉलिटेकनिक में अच्छे अध्यापक थे, पढ़ाई का स्तर भी काफी ऊंचा था, लेकिन कोई भी अध्यापक आइंस्टाइन को प्रभावित नहीं कर पाया। हालांकि वहां हरमान मिंकोवस्की (1864-1909 ई.) जैसे उच्च गणित के नामी अध्यापक थे, परंतु आइंस्टाइन ने उन्हें शायद ही कभी सुना हो; वह अपने दोस्त ग्रॉसमान के नोट्स पर ही ज्यादा आश्रित रहे। बाद में हरमान मिंकोवस्की ने ही आइंस्टाइन के आपेक्षिकता के व्यापक सिद्धांत के लिए चार विमाओं वाली ज्यामिति का एक सुव्यवस्थित ढांचा प्रस्तुत किया।

ज्यूरिख़ के चार वर्षों के दौरान आइंस्टाइन समय निकालकर भौतिकी के क्षेत्र की नई-नई जानकारी हासिल करते रहे। उसी दौर में उन्होंने किरचाफ, हेल्महोल्ट्ज, हर्ट्ज और मैक्सवेल की कृतियां पढ़ीं। उसी दौरान उन्हें अर्न्स्ट माख़ (1838-1916 ई.) का ग्रंथ **यांत्रिकी विज्ञान** पढ़ने को मिला, जिसने उस समय उन्हें काफी प्रभावित किया। लेकिन बाद में वे माख़ की मान्यताओं से दूर हटते गए।

इस प्रकार, हम देखते हैं कि ज्यूरिख़ के अपने विद्यार्थी जीवन में आइंस्टाइन स्वयं ही अपना मार्ग प्रशस्त करते जा रहे थे, स्वयं ही प्रेरणाएं खोज रहे थे, चिर-प्रतिष्ठित सिद्धांतों पर प्रश्नचिह्न लगाने के लिए साहस बटोर रहे थे, खुलकर प्रकाश में आने के लिए तर्क और तथ्यों का तालमेल बिठा रहे थे।

चार साल की पढ़ाई के बाद 1900 ई. में अंतिम परीक्षा हुई, जिसमें आइंस्टाइन अच्छे नंबरों से उत्तीर्ण हुए। अच्छी तरह उत्तीर्ण हुए विद्यार्थियों को पॉलिटेकनिक में अध्यापक नियुक्त करने की परंपरा थी। आइंस्टाइन के ग्रॉसमान जैसे घनिष्ठ मित्रों को पॉलिटेकनिक के विभिन्न विभागों में अध्यापक-पद मिले, पर आइंस्टाइन को कोई पद नहीं मिला; वेबर जैसे उनके कुछ अध्यापक उनसे खुश नहीं थे।

आइंस्टाइन आगे एक साल तक ज्यूरिख़ में ही रहकर ट्यूशन करते हुए नौकरी

की तलाश करते रहे। इस बीच आइंस्टाइन ने अपना पहला शोध-निबंध लिखा, जो कांच की पतली नलिकाओं में द्रवों की केशिका (कैपिलरी) क्रिया से संबंधित था। आइंस्टाइन ने अपने प्रकाशित निबंध की एक प्रति जर्मन रसायनज्ञ विलहेल्म ओस्टवाल्ड (1853-1932 ई.)–जिन्हें बाद में नोबेल पुरस्कार मिला–को भेजी और उनकी प्रयोगशाला में काम करने की इच्छा व्यक्त की। कोई उत्तर नहीं मिला। आइंस्टाइन ने अपना निबंध लाइडेन विश्वविद्यालय (नीदरलैंड) के नामी भौतिकवेत्ता कामेरलिंघ-ऑन्नेस (1853-1928 ई.) को भी भेजा। साथ ही, नौकरी की उम्मीद में एक जवाबी-कार्ड भी भेजा। कोई जबाब नहीं मिला (आज़ आइंस्टाइन का वह जवाबी-कार्ड लाइडेन संग्रहालय के विज्ञान के इतिहास विभाग की एक अमूल्य धरोहर है। दो दशकों बाद उसी लाइडेन विश्वविद्यालय में आइंस्टाइन को 'सम्मानित प्राध्यापक' का पद मिला)।

हरमान आइंस्टाइन भी अपने बेरोज़गार बेटे की दशा से बड़े चिंतित थे। उन्होंने, बेटे को बिना बताए, प्रो. ओस्टवाल्ड को पत्र लिखा : "प्रिय प्रोफेसर, आप एक बाप को माफ करें, जो अपने बेटे के हित में सिफारिश कर रहा है। मेरा बेटा अल्बर्ट आइंस्टाइन 22 साल का है। ... मेरा पुत्र अत्यधिक दुःखी है, क्योंकि वह बेरोज़गार है और हर दिन यह विचार उसमें और गहराई से पैठ जाता है कि वह अपने कैरियर में असफल है और पुनः अपनी राह ढूंढ़ने में समर्थ नहीं होगा; और, सर्वोपरि बात यह है कि वह इस विचार से गहरे अवसाद में डूबा रहता है कि वह हम पर भार-स्वरूप है, क्योंकि हम लोग अच्छे खाते-पीते लोग नहीं हैं ...। प्रिय प्रोफेसर, मेरा पुत्र आपका बहुत सम्मान करता है ...। आपसे अनुरोध है कि आप उसका शोध-निबंध पढ़ें और आप उसे सांत्वना की कुछ पंक्तियां लिखें, ताकि उसके जीवन व कार्य में पुनः खुशी लौट आए ...।"

आइंस्टाइन ने नौकरी की तलाश जारी रखते हुए उसी दौरान पी-एच.डी. की उपाधि के लिए अपना प्रबंध तैयार किया–'गैसों का गतिक सिद्धांत'। प्रबंध ज्यूरिख़ विश्वविद्यालय को भेज देने के बाद आइंस्टाइन 1902 ई. की ग्रीष्म ऋतु में मिलान चले गए, और वहां से नौकरी के लिए जगह-जगह पत्र लिखते रहे।

अंत में आइंस्टाइन के मित्र मार्सेल ग्रॉसमान के प्रयास से उनके लिए एक स्थायी नौकरी की व्यवस्था हो गई। स्विट्ज़रलैंड की राजधानी बर्न में कुछ साल पहले एक सरकारी पेटेंट कार्यालय खुला था। वहां के डायरेक्टर मार्सेल के पिता के मित्र थे। उनके लिखने पर डायरेक्टर आइंस्टाइन को अपने कार्यालय में रखने को तैयार हो गए। मिलान में आइंस्टाइन को जब इसकी सूचना मिली, तो उन्होंने अप्रैल 1902

में मार्सेल को पत्र लिखा :

"प्यारे मित्र मार्सेल,

कल जब तुम्हारा पत्र मिला तो मेरे प्रति तुम्हारे विश्वास और तुम्हारे दयाभाव को देखकर मैं अत्यंत द्रवित हो उठा, इसलिए भी कि तुम अपने इस पुराने और अभागे मित्र को भूले नहीं हो। मुझे एहरात और तुम्हारे जैसा मित्र शायद ही कोई मिले। यह कहने की आवश्यकता नहीं कि नौकरी मिलने से मुझे बड़ी खुशी होगी। तुम्हारी सिफारिशों का मैं निश्चय ही निर्वाह करूंगा। मैंने यहां अपने माता-पिता के साथ रहकर पिछले तीन सप्ताहों में कई स्थानों पर इस आशा से आवेदन-पत्र भेजे हैं कि मुझे कहीं पर सहायक लेक्चरर की जगह मिल जाएगी। यदि वेबेर (पॉलिटेकनिक के एक अध्यापक) मेरे खिलाफ नहीं होते, तो मुझे कभी की नौकरी मिल जाती। फिर भी मैं कोई मौका हाथ से नहीं जाने देता, न ही मैंने अपना हौसला खोया है। ... ईश्वर ने गधे को बनाया है, तो उसे काफी मोटी खाल भी दी है।

यहां ग्रीष्म का आगमन हो चुका है, चहुंओर सौंदर्य छा गया है। प्रकृति का नज़ारा इतना हंसमुख है कि आदमी उदास नहीं रह सकता। मेरे दिमाग में कुछ बढ़िया विचार मंडरा रहे हैं।"

यहां 'बढ़िया विचार' का अर्थ था 'वैज्ञानिक विचार'। उन विचारों को मूर्त रूप मिलने में अब अधिक देर नहीं थी।

आइंस्टाइन बर्न पहुंचकर पेटेंट कार्यालय के डायरेक्टर के सामने इंटरव्यू के लिए हाजिर हुए। उन्होंने दूसरी श्रेणी के तकनीकी विशेषज्ञ के पद के लिए आवेदन-पत्र भेजा था, परंतु डायरेक्टर को आइंस्टाइन में तकनीकी विशेषज्ञ की काबिलीयत नज़र नहीं आई। फिर भी उन्होंने आइंस्टाइन को अपने कार्यालय में रख लिया—दूसरी श्रेणी के नहीं, तीसरी श्रेणी के अस्थायी तकनीकी विशेषज्ञ के पद पर। वार्षिक वेतन 3500 फ्रांक तय हुआ। आइंस्टाइन को स्थायी पद 1904 ई. में मिला, और दूसरी श्रेणी का पद 1906 ई. में।

जून 1902 में अल्बर्ट आइंस्टाइन के एक नए जीवन की शुरुआत हुई। उन्होंने बर्न के उस पेटेंट कार्यालय में सात साल नौकरी की। वैज्ञानिक उपलब्धियों की दृष्टि से आइंस्टाइन के जीवन का यही काल सर्वाधिक महत्त्व का है। इसी काल में उन्होंने वह खोज की जिसके लिए बाद में उन्हें भौतिकी का नोबेल पुरस्कार प्रदान किया गया। इसी काल में उन्होंने अपने विशिष्ट आपेक्षिकता-सिद्धांत को प्रकाशित किया। यह सब उन्होंने किया बर्न के पेटेंट कार्यालय में 'तीसरी श्रेणी के तकनीकी विशेषज्ञ' का कार्य करते हुए!

उस सरकारी पेटेंट कार्यालय में आविष्कारों की नोंद की जाती थी। जैसे, यदि किसी ने नए किस्म का कोई इंजन बनाया हो, मशीन बनाई हो, कल-पुर्जा बनाया हो, नया रासायनिक मिश्रण या यौगिक खोज निकाला हो, तो आविष्कारक इस कार्यालय में उसका नमूना पेश करता था, उसका मॉडल तैयार करके देता था, और साथ ही उसकी तकनीकी जानकारी भी देता था। कार्यालय उसके नए आविष्कार की जांच-पड़ताल करता था। यदि आविष्कार में नवीनता नज़र आती, तो कार्यालय उसे स्वामित्व का प्रमाणपत्र देता था।

तीसरे दर्जे के तकनीकी विशेषज्ञ आइंस्टाइन का काम था—काफी तादाद में पेश किए जानेवाले ऐसे छोटे-मोटे आविष्कारों के विवरण पढ़ना, उनकी सच्चाई को परखना, उनकी संक्षिप्त रिपोर्ट तैयार करना, फाइल बनाना, आविष्कार में सच्चाई हो तो प्रमाणपत्र के कागज-पत्र तैयार करना।

क्या आइंस्टाइन के लिए यह काम, यह नौकरी, अनुकूल थी? चूंकि इसी नौकरी के दौरान उन्होंने अपने महान सैद्धांतिक आविष्कारों की सृष्टि की, इसलिए, कम-से-कम उनके मामले में, हमें यह स्वीकार करना पड़ता है कि यह नौकरी उनके लिए अनुकूल ही रही।

पेटेंट ऑफिस की नौकरी आइंस्टाइन के लिए अनुकूल भले ही रही हो, परंतु उसमें सुख-जैसी कोई चीज नहीं थी। दरअसल, आइंस्टाइन की सुख की कल्पना ही निराली थी। उन्होंने एक बार कहा भी है कि सुख की कल्पना उनके लिए कोई अर्थ नहीं रखती। हर परिस्थिति को अनुकूल मान लेने का उनका स्वभाव था।

वैसे, उनके हालात अच्छे नहीं थे। इस बीच 1902 ई. में उनके पिता का देहांत हो गया था। आइंस्टाइन जब बर्न आए तो उनके पास इतना भी पैसा नहीं था कि वह पहली तनख़्वाह मिलने तक गुजारा कर सकें। उन्होंने ट्यूशन के लिए स्थानीय अख़बार में विज्ञापन निकाला, ताकि पढ़ाने के लिए कुछ विद्यार्थी मिल जाएं तो गुजारा हो।

सामान्यतः ऐसी परिस्थिति में अधिकांश व्यक्ति कोल्हू का बैल बन जाते हैं, दुनियादारी में फंस जाते हैं। आइंस्टाइन के साथ ऐसा नहीं हुआ। अपने जीवन का एक हिस्सा ही उन्होंने नौकरी को दिया। वैज्ञानिक चिंतन और अनुसंधान ही उनके जीवन का प्रमुख प्रयोजन बना रहा। अपने वैज्ञानिक अनुसंधान के लिए उन्हें अकादमिक माहौल नहीं मिला, तो इसका उन्हें तनिक भी गम नहीं था। उन्होंने लिखा भी है : "पेटेंटों का विवरण तैयार करने का काम बड़ा फायदेमंद रहा। इससे मुझे भौतिक-विज्ञान के बारे में सोचने का मौका मिला। इसके अलावा, मेरे जैसे

मिलेवा और आइंस्टाइन

आदमी के लिए व्यावहारिक काम एक प्रकार की मुक्ति-जैसा है। अकादमिक पेशा तरुण व्यक्ति को वैज्ञानिक अनुसंधान के लिए विवश करता है। पक्के इरादे का व्यक्ति ही सतही अनुसंधान के प्रलोभन से बच सकता है।" अन्यत्र आइंस्टाइन ने लिखा है : "हर वैज्ञानिक के लिए मोची का काम जरूरी है।" इस कथन के पीछे उनका आशय यही था कि व्यावहारिक काम वैज्ञानिक अनुसंधान में बाधक नहीं, सहायक ही सिद्ध होता है।

रूडोल्फ लाडेनबर्ग नामक आइंस्टाइन के एक भौतिकवेत्ता-मित्र 1908 ई. में बर्न के पेटेंट कार्यालय में उनसे मिलने गए थे। तब आइंस्टाइन ने उनसे कहा था कि पिछले पांच वर्षों में वे पहले भौतिकवेत्ता हैं जिनसे उनकी भेंट हुई है। इन्हीं वर्षों के दौरान आइंस्टाइन ने अपना महत्वपूर्ण अनुसंधान-कार्य प्रस्तुत किया था। उन्होंने अपनी मेज का एक ड्रॉअर खोला और कहा कि सैद्धांतिक भौतिकी का उनका 'ऑफिस' यहीं पर है। पेटेंटों को जांचने के काम में ज्यादा समय नहीं लगता था। जब भी खाली समय होता, वे भौतिकी के अपने अनुसंधान में जुट जाते थे।

चिंतन में डूब जाने की आइंस्टाइन में अपार क्षमता थी। कठिनाइयां उनके लिए कोई माने नहीं रखती थीं। नौकरी लग जाने पर उन्होंने अपने लिए किराए के एक छोटे कमरे की व्यवस्था कर ली थी। पैदल ही ऑफिस जाते थे। उनके म्यूनिख़ के विद्यार्थी जीवन के मित्र मैक्स तालमेय ने लिखा है : "मैंने बर्न में अपने मित्र की खोज की और उसके साथ एक दिन गुजारा। उसके हालात काफी गरीबी के थे। उसके पास एक छोटा कमरा था, जिसमें कोई ख़ास फर्नीचर भी नहीं था। मुझे पता चला कि पेटेंट ऑफिस की नौकरी से उसे जो तनख़्वाह मिलती है उससे बड़ी मुश्किल से उसका गुजारा हो पाता है।"

मिलेवा मारिश से शादी करने के बारे में आइंस्टाइन ने शायद ज्यूरिख़ पॉलिटेकनिक के दिनों में ही सोच लिया था। नौकरी मिल गई, तो जनवरी 1903 में बर्न में ही उन्होंने मिलेवा से विवाह कर लिया। साल के अंत में उनके एक पुत्र हुआ, जिसका नाम रखा गया—हान्स अल्बर्ट। तनख़्वाह तो नहीं बढ़ी, खर्च बढ़ गया। आइंस्टाइन गृहस्थ

बन गए, मगर उनके वैज्ञानिक चिंतन में कोई रुकावट पैदा नहीं हुई।

आइंस्टाइन के बर्न के आरंभिक गृहस्थ जीवन के कुछ संस्मरण मिलते हैं। उन दिनों के उनके एक विद्यार्थी ने लिखा है : "मैं उनके घर पहुंचा तो देखा कि उनकी मेज पर ढेर सारे कागज बिखरे पड़े हैं। उन कागजों पर गणित के सूत्र लिखे हुए थे। वे दाएं हाथ से लिख रहे थे और बाएं हाथ से अपने बच्चे को पकड़े हुए थे, बीच-बीच में उसके सवालों के उत्तर भी देते थे। उन्होंने बच्चा मुझे सौंप दिया और बोले : 'थोड़ी देर इसे संभालो, मेरा काम अभी समाप्त हुआ जाता है।' और, वे काम करते गए।"

ज्यूरिख़ के उनके एक मित्र उनसे मिलने आए, तो उन्होंने देखा : "घर का दरवाजा खुला था। फर्श पर ताजा पोंछा लगाया गया था। बरामदे में ही कपड़े सुखाए गए थे। मैं आइंस्टाइन के कमरे में पहुंचा। वे एक दार्शनिक की तरह अपने विचारों में खोए हुए थे। एक हाथ से वे बच्चे के पालने को झूला दे रहे थे, दूसरे हाथ में किताब थी, और मुंह में उनके एक बहुत ही घटिया सिगार था। चूल्हे से बेहद धुआं उठ रहा था। वे यह सब कैसे बरदाश्त कर पा रहे थे?"

आइंस्टाइन अकादमिक वातावरण के बीच में नहीं थे, मगर बर्न में उनके गिर्द अनायास ही कुछ विशिष्ट तरुण चिंतकों का माहौल बन गया था, उनकी एक मंडली हो गई थी। आइंस्टाइन ने ट्यूशन देने के लिए जो विज्ञापन निकाला था, उसे देखकर मॉरिस सोलोविन नाम के एक विद्यार्थी उनके पास आए। सोलोविन रूमानिया के निवासी थे और बर्न विश्वविद्यालय में पढ़ने आए थे। विज्ञापन पढ़कर भौतिकी का विशेष अध्ययन करने के इरादे से वह आइंस्टाइन के पास आए थे। दोनों में जल्दी ही गहरी दोस्ती हो गई। दोनों मिलकर भौतिकी के नए-नए ग्रंथों का अध्ययन करते, विभिन्न विषयों पर चर्चाएं होतीं।

कुछ दिन बाद आइंस्टाइन के पुराने मित्र कोनराड हाबिट्ज भी गणित का अपना अध्ययन जारी रखने बर्न विश्वविद्यालय पहुंच गए। अल्बर्ट आइंस्टाइन उस समय 23-24 साल के थे, अपने इन दोनों शिष्य-मित्रों से तीन साल बड़े थे। तीनों में वैज्ञानिक विषयों पर खूब चर्चाएं होतीं, रात-रात भर बहसें चलती रहतीं। बहस करते-करते ही दूर तक घूमने निकल जाते। इन तीनों का एक मंडल बन गया, जिसे उन्होंने "ओलंपिया एकाडेमी" का नाम दिया।

उसी दौर में एक और व्यक्ति आइंस्टाइन के जीवन में आया। उसका नाम था—माइकेल एंजेलो बेस्सो। आइंस्टाइन के प्रयत्न से बर्न के उसी पेटेंट ऑफिस में बेस्सो को नौकरी मिल गई थी। बेस्सो मूलतः इटली के निवासी थे, उन्होंने ज्यूरिख़ पॉलिटेकनिक में इंजीनियरी का अध्ययन किया था, और वह आइंस्टाइन से छह साल

बड़े थे। बेस्सो ने न केवल गणित व भौतिकी का, बल्कि अन्य अनेक विषयों का गहन अध्ययन किया था। वह चलता-फिरता विश्वकोश थे। बेस्सो न केवल आइंस्टाइन के पारिवारिक मित्र बन गए, बल्कि उनके वैज्ञानिक चिंतन के भी सहभागी हो गए। दोनों में आपेक्षिकता के सवालों को लेकर खूब लंबी चर्चाएं होती थीं। आपेक्षिकता-सिद्धांत के सृजन के लिए ये चर्चाएं कितनी उपयोगी रहीं, इसका सबूत स्वयं आइंस्टाइन ने दिया है। सन् 1905 में प्रकाशित अपने 'विशिष्ट आपेक्षिकता-सिद्धांत' के शोध-निबंध में आइंस्टाइन ने सिर्फ एक व्यक्ति के सहयोग को स्वीकार किया है, केवल एक व्यक्ति के प्रति अपनी कृतज्ञता व्यक्त की है। शोध-निबंध के अंत में आइंस्टाइन ने लिखा है : "अंत में उल्लेख करना चाहूंगा कि प्रस्तुत धारणाओं के विवेचन में मुझे अपने मित्र और साथी मा. बेस्सो का सहयोग मिला है, और कई उपयोगी सुझावों के लिए मैं उनका ऋणी हूं।"

सन् 1905 का वर्ष भौतिकी के इतिहास का एक 'चमत्कारी वर्ष' माना जाता है। उस वर्ष, मार्च और सितंबर के बीच में, 26 वर्षीय आइंस्टाइन ने "आनालेन डेर फिजिक" नामक जर्मन पत्रिका में चार अत्यंत महत्वपूर्ण शोध-निबंध प्रकाशित किए। इनमें पहला निबंध 'प्रकाश-क्वांटम' (जिसे काफी बाद में, 1926 ई. में, 'फोटॉन' का नाम दिया गया) से संबंधित था और जो 'प्रकाश वैद्युत प्रभाव' की व्याख्या प्रस्तुत करता था। बाद में, 1921 ई. में, प्रमुखतः 'प्रकाश वैद्युत प्रभाव' की व्याख्या के लिए ही आइंस्टाइन को भौतिकी का नोबेल पुरस्कार प्रदान किया गया।

आइंस्टाइन का दूसरा निबंध 'ब्राउनी गति' (Brownian motion) से संबंधित था। पहली बार 1827 ई. में स्कॉटिश वनस्पतिवेत्ता रॉबर्ट ब्राउन ने पानी में कुछ पराग-कणों की गति को सूक्ष्मदर्शी में देखा था। बाद में पानी में छोड़े गए अन्य कणों में भी वैसी ही बेतरतीब गति देखी गई, लेकिन कोई भी वैज्ञानिक इसकी व्याख्या करने में सफल नहीं हुआ।

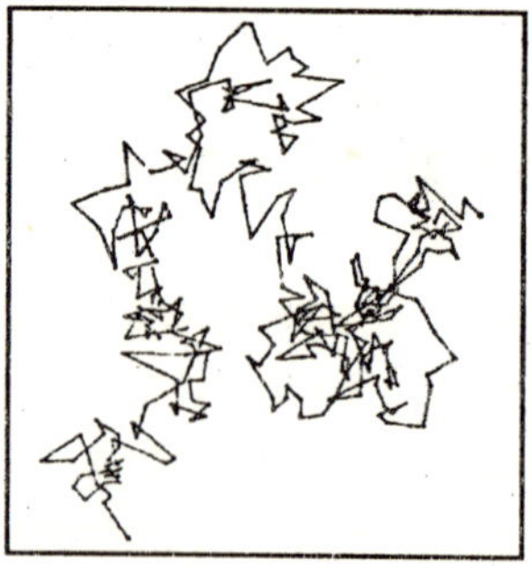

पानी में राल (रेजिन) के एक कण की बेतरतीब दौड़ (ब्राउनी गति)

आइंस्टाइन ने अपनी गणितीय व्यवस्था से स्पष्ट किया कि पानी के भीतर के सतत गतिमान अणु सूक्ष्म कणों को इतना अधिक ढकेलते हैं कि वे बड़ी अनियमितता से उछलने लगते हैं। उन्होंने विभिन्न आकार के अणुओं के प्रभावों और उनकी गति के कोणों का हिसाब लगाकर एक ऐसा समीकरण विकसित किया जिसके जरिए टक्कर देनेवाले अणुओं और उनके घटक परमाणुओं के आकार जाने जा सकते थे। इस तरह पहली बार परमाणुओं के अस्तित्व के लिए ठोस प्रमाण उपलब्ध हुआ।

तीसरा निबंध 'विशिष्ट आपेक्षिकता-सिद्धांत' से संबंधित था। इस पुस्तक (**आपेक्षिकता-सिद्धांत क्या है**) में इसे ही सरलता से समझाया गया है। इसे "विशिष्ट" इसलिए कहा गया, क्योंकि इसमें आइंस्टाइन ने विशिष्ट स्थिति--एक सीधी रेखा में एकसमान गति से दौड़ने वाली वस्तुओं--का ही विवेचन किया है। आइंस्टाइन ने इसमें बताया है कि प्रकाश की सापेक्षिक गति एक-सी बनी रहती है, यह किसी अन्य वस्तु के सापेक्ष कभी नहीं बदलती। द्रव्यमान, आकाश और काल--ये सभी गति के अनुसार बदलते हैं। दूसरों के सापेक्ष आप जितनी ही तेजी से गतिमान होंगे, उतना ही आपका द्रव्यमान ज्यादा होगा, उतना ही आप कम आकाश घेरेंगे और आपकी घड़ी उतनी ही कम रफ़्तार से चलेगी। आपकी गति जितनी ही प्रकाश की गति (3,00,000 किमी. प्रति सेकंड) के नजदीक होगी, उतने ही ये प्रभाव अधिक गहरे होंगे।

आपेक्षिकता के सिद्धांत के अनुसार, कोई वस्तु जितनी ही तेजी से गतिमान होगी, उतनी ही एक स्थिर प्रेक्षक को वह गति की दिशा में अधिक सिकुड़ी हुई नजर आएगी; और, वही प्रेक्षक अनुभव करेगा कि उस वस्तु का द्रव्यमान बढ़ गया है। आपेक्षिकता के सिद्धांत के अनुसार, कोई भी वस्तु प्रकाश की गति को प्राप्त नहीं कर सकती, क्योंकि प्रकाश की गति के नजदीक पहुंचने पर उसका द्रव्यमान अनंत हो जाता है। प्रकाश की गति विश्व की महत्तम गति है।

चौथा छोटा निबंध एक प्रकार से तीसरे निबंध का ही अंग था, यानी विशिष्ट आपेक्षिकता-सिद्धांत से ही संबंधित था। इसी छोटे निबंध में आइंस्टाइन ने द्रव्य और ऊर्जा के बीच संबंध स्थापित करने वाला अपना प्रसिद्ध समीकरण प्रस्तुत किया : $E = mc^2$, जहां E ऊर्जा है, m द्रव्य है और c^2 प्रकाश के वेग (3,00,000 किमी. प्रति सेकंड) का वर्ग है। पहली बार इसी समीकरण ने स्पष्ट कर दिया कि द्रव्य और ऊर्जा एक ही भौतिक सत्ता के दो पहलू हैं।

आइंस्टाइन की सन् 1905 की इन्हीं अद्भुत उपलब्धियों की इस वर्ष (2005 ई.) दुनिया-भर में शतवार्षिकी मनाई जा रही है। इनमें से कोई भी एक उपलब्धि किसी भी

एक वैज्ञानिक की कीर्ति को चिरस्थापित करने के लिए पर्याप्त थी। लेकिन यहां तो 26 वर्षीय आइंस्टाइन ने अकेले ही भौतिकी के तीन क्षेत्रों में महान आविष्कार किए थे। आइंस्टाइन के जीवनी-लेखक अब्राहम पाइस ने लिखा है : "किसी ने भी पहले या बाद में भौतिकी के क्षितिज को इतनी कम अवधि में इतना विस्तृत नहीं किया है, जितना कि आइंस्टाइन ने 1905 ई. के एक वर्ष में किया है।"

आइजेक न्यूटन (1642-1727 ई.) के साथ भी कुछ-कुछ ऐसा ही हुआ था। सन् 1665 में जब इंग्लैंड में प्लेग फैल गया, तो न्यूटन कैम्ब्रिज की पढ़ाई छोड़कर अपने जन्मस्थान वूल्सथोर्पे चले गए थे। यहां के 18 महीनों के एकांतवास में 23-24 साल के न्यूटन ने अपने तीन महान आविष्कारों की आधारशिलाएं रखीं—चलन-कलन (कैल्कुलस) गणित, गुरुत्वाकर्षण का सिद्धांत और प्रकाश के नए गुणधर्मों की खोज (न्यूटन ने अपने महान ग्रंथ 'प्रिंसिपिया' को 1684 ई. में लिखना शुरू किया और इसका पहला संस्करण 1687 ई. में प्रकाशित हुआ)।

आइंस्टाइन एकांतवास में नहीं थे, न ही न्यूटन की तरह अविवाहित थे। आइंस्टाइन नौकरी करते थे, बीवी और दो साल का बच्चा उनके साथ था। और, भौतिकी के तीन क्षेत्रों से संबंधित अपने युगांतरकारी शोध-निबंध उन्होंने चंद महीनों के भीतर ही प्रकाशन के लिए तैयार कर लिए थे।

उस समय यूरोप के विश्वविद्यालयों में 'प्रिवाटडोजेंट' (निजी अध्यापक) नामक एक पद होता था। 'प्रिवाटडोजेंट' को विश्वविद्यालय की ओर से कोई वेतन नहीं मिलता था; वह उन विद्यार्थियों से वसूल की जानेवाली फीस पर आश्रित रहता था जो उसकी क्लासों में स्वेच्छा से पढ़ने आते थे। आइंस्टाइन चाहते थे कि बर्न विश्वविद्यालय उन्हें 'प्रिवाटडोजेंट' के रूप में कार्य करने की अनुमति प्रदान करे। इसके लिए उन्होंने 1905 ई. में प्रकाशित 'विशिष्ट आपेक्षिकता' का अपना शोध-निबंध विश्वविद्यालय को भेजा। लेकिन इसे भौतिकी के इतिहास की एक बहुत बड़ी विडंबना ही माना जाएगा कि उनका वह आवेदन-पत्र अस्वीकार कर दिया गया!

लेकिन चोटी के कुछ वैज्ञानिकों को, जैसे, जर्मन भौतिकवेत्ता मैक्स प्लांक (1858-1947 ई.) और हॉलैंड के भौतिकवेत्ता हेन्ड्रिक लॉरेंट्ज (1853-1928 ई.) को आइंस्टाइन के शोध-निबंधों के महत्व को समझने में देर नहीं लगी। आइंस्टाइन ने बर्न में 'प्रिवाटडोजेंट' बनने के लिए 1908 ई. में पुनः प्रयत्न किया, और इस बार वे सफल रहे।

सन् 1909 में आइंस्टाइन ज्यूरिख़ विश्वविद्यालय में प्रोफेसर नियुक्त हुए। उसी वर्ष जर्मन वैज्ञानिकों के वार्षिक सम्मेलन में आइंस्टाइन ने विकिरण के स्वरूप के

बारे में एक निबंध प्रस्तुत किया। इसमें उन्होंने प्रतिपादित किया कि प्रकाश के तरंग-रूप और क्वांटम-रूप एक-दूसरे से भिन्न नहीं हैं। उसी सम्मेलन में आइंस्टाइन पहली बार मैक्स प्लांक से मिले।

ज्यूरिख़ में आइंस्टाइन करीब एक साल ही रहे। जून 1910 में उनके दूसरे पुत्र एडवर्ड का जन्म हुआ। शक्ल-सूरत में वह पिता से काफी मिलता-जुलता था, और बाद में वह भी संगीत-प्रेमी हुआ।

सन् 1911 में प्राग के जर्मन विश्वविद्यालय में वरिष्ठ प्रोफेसर के रूप में आइंस्टाइन की नियुक्ति हुई। यहां वे लगभग डेढ़ साल रहे। यह एक ऐसा दौर था जब वे अपना आपेक्षिकता का व्यापक सिद्धांत विकसित कर रहे थे। यहीं पर उनकी भेंट प्रतिभाशाली भौतिकवेत्ता पॉल एहरेनफेस्ट से हुई, जो उनके घनिष्ठ मित्र बने गए। प्राग-निवास के दौरान वे प्रायः मॉरिट्ज विंटरनिट्ज (1863-1937 ई.) से मिलने चले जाया करते थे। विंटरनिट्ज प्राग में संस्कृत के प्रोफेसर थे। तीन खंडों में रचित उनके 'संस्कृत साहित्य का इतिहास' को काफी प्रामाणिक माना जाता है।

सन् 1911 में आइंस्टाइन ने ब्रसेल्स (बेल्जियम) में आयोजित भौतिकविदों की प्रथम सोल्वी कांग्रेस (Solvay Congress) में भाग लिया। इस कांग्रेस के लिए बेल्जियम के इंजीनियर-व्यापारी अर्नेस्ट सोल्वी ने धन उपलब्ध कराया था। इस प्रथम सोल्वी कांग्रेस में आइंस्टाइन के अलावा मैक्स प्लांक, हेनरी प्वांकारे, मदाम क्यूरी, पॉल लांगेविन, अर्नेस्ट रदरफोर्ड, वाल्टेर नर्स्ट और हेन्ड्रिक लॉरेंट्ज जैसे चोटी के वैज्ञानिकों ने भाग लिया। कांग्रेस में आपेक्षिकता-सिद्धांत के बारे में काफी चर्चा हुई।

सोल्वी कांग्रेस के एक साल बाद ज्यूरिख़ पॉलिटेकनिक में सैद्धांतिक भौतिकी का प्रोफेसर पद स्वीकार करने का आइंस्टाइन को आमंत्रण आया, जिसे उन्होंने स्वीकार कर लिया। बारह साल पहले जिस संस्थान से आइंस्टाइन ने स्नातक की उपाधि प्राप्त की थी, वहां प्राध्यापक बनकर लौटने से वे खुश थे, पत्नी मिलेवा भी प्रसन्न थी। प्रसन्नता का एक और कारण था : यहां उनके विद्यार्थी जीवन के घनिष्ठ मित्र मार्सेल ग्रॉसमान गणित के प्राध्यापक थे; उन्हें व्यापक आपेक्षिकता के गणितीय ढांचे के सृजन में ग्रॉसमान से मदद मिल सकती थी। सन् 1913 में इस विषय पर दोनों का एक संयुक्त शोध-निबंध प्रकाशित हुआ।

सन् 1913 के ग्रीष्म में मैक्स प्लांक और वाल्टेर नर्स्ट एक प्रस्ताव लेकर आइंस्टाइन से मिलने पहुंचे। प्रस्ताव था कि आइंस्टाइन बर्लिन में प्रोफेसर का पद स्वीकार करें। हालांकि आइंस्टाइन जर्मनी से खुश नहीं थे, विशेषकर उसके सैन्यवाद से, फिर भी उन्होंने बर्लिन का निमंत्रण स्वीकार कर लिया और अप्रैल 1914 में वहां

पहुंच गए। यहां उन्हें प्रशियन विज्ञान एकेडमी का सदस्य और कैसर विलहेल्म इंस्टीट्यूट में भौतिकीय अनुसंधान का प्रोफेसर नियुक्त किया गया। साथ ही, उन्हें बर्लिन विश्वविद्यालय में भी प्रोफेसर बनाया गया, पर काम उन्हें अपनी मर्जी के मुताबिक ही करना था।

मिलेवा को बर्लिन में रहना पसंद नहीं था। वह अपने बच्चों के साथ ज्यूरिख़ में ही रह गई। आइंस्टाइन और मिलेवा के विवाह-संबंध का अंत अवश्यंभावी था, परंतु कानूनी तलाक काफी बाद में 1919 ई. में ही हो सका।

बर्लिन-निवास के दौरान आइंस्टाइन प्रमुखतः आपेक्षिकता के व्यापक सिद्धांत को परिपूर्ण बनाने में ही जुटे रहे। सन् 1914 में आइंस्टाइन ने आपेक्षिकता के व्यापक सिद्धांत के एक निष्कर्ष की भविष्यवाणी कर दी—सूर्य द्वारा प्रकाश का गुरुत्वीय विस्थापन हो जाता है, सूर्य-ग्रहण के अवसर पर इसका परीक्षण किया जाना चाहिए। उस वर्ष दक्षिण रूस में घटित होनेवाले सूर्य-ग्रहण के अध्ययन की योजना बनी; बर्लिन वेधशाला के एक खगोलविद के नेतृत्व में एक अभियान-दल का गठन भी हो गया था। परंतु जून-जुलाई 1914 में प्रथम विश्वयुद्ध के शुरू हो जाने से वह योजना स्थगित हो गई। अच्छा ही हुआ, क्योंकि उस समय गुरुत्वीय विस्थापन से संबंधित आइंस्टाइन के निष्कर्ष अभी कुछ अधूरे थे।

बर्लिन में प्रोफेसर बनाए जाने से आइंस्टाइन अपने-आप ही जर्मन नागरिक बन गए थे, परंतु वे अपने को स्विट्जरलैंड का ही नागरिक मानते रहे। विश्वयुद्ध के दौरान वे पत्नी और बच्चों से मिलने के लिए स्विट्जरलैंड और 'व्यापक आपेक्षिकता' के संबंध में लॉरेंट्ज से चर्चा करने के लिए हॉलैंड गए थे। आइंस्टाइन शांतिवादी थे, अंतर्राष्ट्रीयवाद के पुरस्कर्ता थे, सैन्यवाद से उन्हें बेहद नफरत थी।

कई साल तक चिंतन करने के बाद अंत में 1916 ई. में आइंस्टाइन ने अपना 'व्यापक आपेक्षिकता-सिद्धांत' प्रकाशित किया। विशिष्ट आपेक्षिकता में केवल सीधी रेखा में एकसमान गति पर विचार किया गया था। परंतु कोई गतिमान पिंड जब त्वरित या मंदित होता है या सर्पिल मार्ग में घूमता है, तो क्या होता है? त्वरण का यह मामला काफी जटिल था, मगर इसकी व्याख्या करने वाला सिद्धांत ज्यादा महत्व का था, ज्यादा उपयोगी था। आपेक्षिकता के व्यापक सिद्धांत में विशिष्ट सिद्धांत की धारणाएं कायम रहती हैं; साथ ही, गुरुत्वाकर्षण को एक नए नज़रिए से देखने का मार्ग खुल जाता है, क्योंकि गुरुत्वाकर्षण ही वह बल है जिसके कारण त्वरण और मंदन होता है और ग्रहों के चतुर्दिक उपग्रहों के मार्ग और सूर्य के चतुर्दिक ग्रहों के मार्ग वक्रिल हो जाते हैं।

आइंस्टाइन ने अनुभव किया कि गुरुत्वाकर्षण के प्रभाव और त्वरण के प्रभाव

में अंतर खोजना संभव नहीं है। इसलिए उन्होंने गुरुत्वाकर्षण को एक बल नहीं माना। उन्होंने आकाश व काल में पिंडों की गतियों को एक नई भौतिक व्यवस्था के रूप में पहचाना। आइंस्टाइन के आपेक्षिकता-सिद्धांत के अनुसार, आकाश की तीन विमाओं (लंबाई, चौड़ाई और ऊंचाई) के साथ काल की चौथी विमा जुड़ जाती है और ये चार विमाएं एक होकर दिक्काल के सातत्य का सृजन करती हैं।

व्यापक आपेक्षिकता के प्रतिपादन के तुरंत बाद आइंस्टाइन अपने सिद्धांत के परिणामों को विश्व-व्यवस्था पर लागू करने में जुट गए और उन्होंने "ससीम किंतु अपरिबद्ध" (finite but unbounded) विश्व का एक मॉडल प्रस्तुत किया। उसके बाद विलियम डे सिट्टर, अलेक्जेंडर फ्रीडमान जैसे कुछ अन्य वैज्ञानिकों ने भी अपने-अपने विश्व-मॉडल प्रस्तुत किए। परंतु ये सब विश्व-मॉडल अधूरे थे, क्योंकि तब तक आकाशगंगा के परे सुदूर की मंदाकिनियों की खोज नहीं हुई थी और यह भी पता नहीं चला था कि सुदूर की मंदाकिनियां हमसे अधिक दूर भागती जा रही हैं, जिसकी जानकारी दूर की मंदाकिनियों से हम तक पहुंचने वाले प्रकाश के अभिरक्त विस्थापन (रेड-शिफ्ट) यानी लाल-सरकाव की खोज से मिलने वाली थी। अमरीकी खगोलविद एडविन हबल (1889-1953 ई.) ने बीसवीं सदी के तीसरे दशक में आकाशगंगा के परे सुदूर की मंदाकिनियों की खोज करके उनके प्रकाश-स्पेक्ट्रम में अभिरक्त विस्थापन की खोज की, तभी ब्रह्मांड की व्यवस्था के बारे में नए सक्षम सिद्धांत प्रतिपादित करना संभव हुआ।

व्यापक आपेक्षिकता-सिद्धांत ब्रह्मांड को एक नए रूप में देखता है। आइंस्टाइन ने विभिन्न पिंडों के गुरुत्वीय क्षेत्रों को उन पिंडों के समीप के दिक्काल की वक्रता के रूप में देखा। दिक्काल की वक्रता के कारण ही चंद्रमा त्वरण के साथ पृथ्वी के चक्कर लगाता है और ग्रह भी सूर्य द्वारा संवलित दिक्काल में ही परिक्रमा करते हैं। इस प्रकार आइंस्टाइन ने गुरुत्वाकर्षण को दिक्काल की वक्रता के रूप में पहचाना।

सन् 1917 में आइंस्टाइन गंभीर रूप से बीमार पड़े। उनके चाचा रूडोल्फ आइंस्टाइन बर्लिन में ही रहते थे। उनके साथ उनकी इल्सा नामक बेटी अपनी दो पुत्रियों के साथ रहती थी। इल्सा अपने पति से तलाक ले चुकी थी। आइंस्टाइन और इल्सा एक-दूसरे को बचपन से जानते थे, एक-दूसरे को चाहते थे। बीमारी के दौरान इल्सा ने आइंस्टाइन की खूब सेवा की, तो वे एक-दूसरे के अधिक नजदीक आ गए, जिसकी परिणति 1919 ई. में उनके विवाह में हुई।

जैसा कि शुरू में बताया गया है, विश्वयुद्ध की समाप्ति (1918 ई.) के बाद तारों के प्रकाश के गुरुत्वीय विस्थापन के सिद्धांत की परीक्षा करने के लिए ब्रिटिश

खगोलविदों ने 1919 ई. में घटित सर्वग्रास सूर्य-ग्रहण के अध्ययन का आयोजन किया था। आइंस्टाइन की भविष्यवाणी सही साबित हुई, तो उनकी कीर्ति सारी दुनिया में फैल गई और लोगों की नजर में वे एक देवता-जैसे व्यक्ति बन गए।

प्रथम महायुद्ध की समाप्ति के बाद जर्मनी में हालात बड़े अस्त-व्यस्त थे। आइंस्टाइन कहीं भी अन्यत्र जा सकते थे, परंतु उन्होंने जर्मनी में ही रहना पसंद किया। सन् 1920 के दशक में उन्होंने संसार के कई देशों की यात्राएं कीं और लेक्चर दिए। सन् 1920 में वे लाइडेन गए। वहां हेन्ड्रिक लॉरेंट्ज और पॉल एहरेनफेस्ट उनके घनिष्ठ मित्र थे। लाइडेन विश्वविद्यालय में लेक्चर देने वे आगे कई बार वहां गए। लाइडेन में ही 1921 ई. में पहली बार डेनिश भौतिकवेत्ता नील्स बोर (1885-1962 ई.) से उनकी भेंट हुई।

सन् 1921 में आइंस्टाइन सिओनवादी आंदोलन के नेता वाइसमान के साथ पहली बार अमरीका की यात्रा पर गए। यात्रा का उद्देश्य था, येरूसलम के हिब्रू विश्वविद्यालय के लिए धन जुटाना। न्यूयार्क हार्बर (बंदरगाह) में उतरते ही पत्रकारों की भीड़ ने उन्हें घेर लिया, और उन पर सवालों की बारिश होने लगी। जब एक पत्रकार ने चंद वाक्यों में आपेक्षिकता का सिद्धांत समझाने को कहा, तो आइंस्टाइन बोले : "यदि आप मेरे जवाब को बहुत गंभीरता से नहीं लेंगे और इसे एक मज़ाक ही मानेंगे, तो मैं कहूंगा : पहले माना जाता था कि यदि इस विश्व से तमाम भौतिक वस्तुएं गायब हो जाएं, तो भी दिक् (आकाश) और काल का अस्तित्व कायम रहेगा। मगर आपेक्षिकता के सिद्धांत के अनुसार, वस्तुओं के साथ ही आकाश और काल भी विलुप्त हो जाते हैं।"

अमरीका से लौटते हुए आइंस्टाइन, लॉर्ड हाल्डेन के आमंत्रण पर, लंदन में रुके और वहां किंग्स कालेज में लेक्चर दिया। जर्मनी लौटकर वे मार्च 1922 में फ्रांस गए और कालेज दे फ्रांस में लेक्चर दिया।

फ्रांस से जर्मनी लौटने के बाद जल्दी ही आइंस्टाइन जापान के लिए रवाना हो गए। उन्हें जापान से बार-बार बुलावा आ रहा था। सन् 1922 की शरद ऋतु में आइंस्टाइन-परिवार भूमध्यसागर के बंदरगाह मार्सेल से जहाज द्वारा जापान के लिए रवाना हुआ। कोलंबो, सिंगापुर और शांघाई होते हुए आइंस्टाइन कोबे पहुंचे। जापान में आइंस्टाइन ने कई लेक्चर दिए, वहां उनका जोरदार स्वागत हुआ। आइंस्टाइन भी जापानी रीति-रिवाजों से बहुत प्रभावित हुए।

जापान में कुछ सप्ताह गुजारकर, फिलीस्तीन होते हुए, आइंस्टाइन मार्च 1923 में बर्लिन लौट आए। उसके बाद जुलाई 1923 में नोबेल पुरस्कार ग्रहण करने के

लिए वे स्वीडेन गए। नवंबर 1922 में उन्हें "प्रकाश-विद्युत् प्रभाव और सैद्धांतिक भौतिकी के क्षेत्र में उनके कार्य के लिए" 1921 ई. का भौतिकी का नोबेल पुरस्कार प्रदान करने की घोषणा की गई थी। ध्यान देने योग्य बात यह है कि आइंस्टाइन को यह पुरस्कार उनके आपेक्षिकता के सिद्धांत के लिए नहीं दिया गया था। इसके कई कारण थे। लेकिन एक मुख्य कारण शायद यह था कि अल्फ्रेड नोबेल (1833-1896 ई.) की वसीयत के अनुसार ये पुरस्कार उन्हीं आविष्कारों को दिए जाते थे जो मानव-जाति के लिए कल्याणकारी हों। तब तक यह स्पष्ट नहीं हुआ था कि आइंस्टाइन का समीकरण $E = mc^2$ मानव-जाति के लिए कितना कल्याणकारी (या विनाशकारी) सिद्ध हो सकता है।

आइंस्टाइन ने नोबेल पुरस्कार की आधी धनराशि अपनी पहली पत्नी मिलेवा को सौंप दी और आधी धनराशि उपयोगी कार्यों के लिए दान में दे दी।

स्वीडेन से लौटने के बाद आइंस्टाइन अपने अगले अनुसंधान में जुट गए। यह एक ऐसा सिद्धांत था जो उस समय तक ज्ञात विश्व के दो बलों—गुरुत्वीय और विद्युत्-चुंबकीय—को आपस में जोड़ता था। साथ ही, उनकी यात्राओं और लेक्चरों का सिलसिला भी जारी रहा। उनके स्वास्थ्य पर इसका असर होना स्वाभाविक था। सन् 1927 में आइंस्टाइन डेवोस (स्विट्जरलैंड) गए, तो दिल के मरीज़ बन गए और उन्हें कई दिन बिस्तर में गुजारने पड़े। तब इल्सा ने निर्णय लिया कि आइंस्टाइन को अब एक स्थायी सहायिका की आवश्यकता है। इसके लिए हेलेन डुकास का चयन किया गया, जो अंतिम समय तक आइंस्टाइन की सेक्रेटरी बनी रही।

अब क्वांटम सिद्धांत भौतिकीय अनुसंधान का मुख्य विषय बन गया था। अब तरंग यांत्रिकी चर्चा का विषय हो गई थी। वेर्नेर हाइसेनबर्ग (1901-1978 ई.) द्वारा 1927 ई. प्रतिपादित अनिश्चितता के नियम को आइंस्टाइन स्वीकार नहीं कर पा रहे थे; वे यह मानने में कठिनाई महसूस कर रहे थे कि प्रकृति में नियतिवाद काम नहीं करता। इस मामले को लेकर नील्स बोर के साथ आइंस्टाइन का लंबे समय तक वाद-विवाद चला।

सन् 1929 : आइंस्टाइन पचास के होने जा रहे थे। उस साल उन्होंने बर्लिन से नातिदूर के कापुथ नामक गांव में एक झील के समीप अपने लिए एक मकान खरीदा। उसी साल बेल्जियम की रानी के निमंत्रण पर वे पहली बार ब्रसेल्स गए। राजा की विज्ञान में दिलचस्पी थी और रानी वायलिन-वादिका थी। उस समय राजपरिवार से जो संबंध स्थापित हुए वे जीवन-भर बने रहे। आगे वे कई बार ब्रसेल्स गए। अमरीका जाने पर भी रानी के साथ आइंस्टाइन का पत्र-व्यवहार जारी रहा।

आइंस्टाइन के साथ माइकेल्सन (सामने बाएं) और मिलिकान (सामने दाएं)।

सन् 1930 में काल्टेक (केलिफोर्निया इंस्टीट्यूट ऑफ टेक्नालॉजी, पासादेना) के निमंत्रण पर आइंस्टाइन दूसरी बार अमरीका गए। इस बार भी न्यूयार्क हार्बर (बंदरगाह) पर उतरते ही बहुत-सारे पत्रकारों ने उन्हें घेर लिया और तरह-तरह के ढेर सारे सवाल पूछे। केलिफोर्निया के लिए रवाना होने के पहले उन्होंने न्यूयार्क में हडसन नदी के किनारे स्थित रिवरसाइड गिरजाघर को भेंट दी। गिरजाघर के प्रवेश-स्थान पर प्राचीन काल से लेकर वर्तमान काल तक के छह सौ महान व्यक्तियों की प्रतिमाएं स्थापित की गई थीं। उनमें एकमात्र जीवित व्यक्ति थे—अल्बर्ट आइंस्टाइन।

इलेक्ट्रॉन के आवेश को निर्धारित करने के लिए 1923 ई. का नोबेल पुरस्कर प्राप्त करने वाले भौतिकवेत्ता रॉबर्ट मिलिकान (1868-1953 ई.) उस समय काल्टेक के अध्यक्ष थे। पासादेना के नजदीक की काल्टेक द्वारा संचालित माउंट विल्सन वेधशाला के खगोलविदों ने ही सुदूर की मंदाकिनियों में अभिरक्त विस्थापन (लाल सरकाव) का पता लगाया था। आइंस्टाइन माउंट विल्सन वेधशाला देखने गए, तो वहां उनके सम्मान में एक भोज का आयोजन हुआ। भोज में सम्मिलित हुए थे रॉबर्ट मिलिकान और अल्बर्ट माइकेल्सन (1852-1931 ई.), जिनके प्रयोगों से आइंस्टाइन के आरंभिक कार्य—विशिष्ट आपेक्षिकता और प्रकाश क्वांटम—का गहरा संबंध रहा है। उस समय माइकेल्सन 78 साल के थे और उनका स्वास्थ्य ठीक नहीं था; कुछ महीनों बाद उनका देहांत हुआ।

काल्टेक संस्थान आइंस्टाइन को अपने यहां स्थायी रूप से रखना चाहता था। परंतु इसका मौका अमरीका के एक अन्य संस्थान को मिला। अमरीका से लौटते समय आइंस्टाइन ऑक्सफोर्ड (इंग्लैंड) में रुके, तो उनके सामने प्रिंसटन (अमरीका)

आइंस्टाइन

में नए स्थापित हो रहे शोध-संस्थान 'इंस्टीट्यूट फॉर एडवांस्ड स्टडी' में प्रोफेसर-पद ग्रहण करने का प्रस्ताव रखा गया, जिसे जर्मनी वापस लौटने पर उन्होंने स्वीकार कर लिया। सन् 1932 के अंत में आइंस्टाइन ने पुनः एक बार काल्टेक की यात्रा की।

जर्मनी में परिस्थितियां तेजी से बदल रही थीं। आइंस्टाइन के यूरोप वापस लौटने के पहले, जनवरी 1933 में, जर्मनी में हिटलर की हुकूमत शुरू हो गई थी। आइंस्टाइन को स्पष्ट हो गया कि अब उनका बर्लिन लौटना संभव नहीं है। उन्होंने बेल्जियम के समुद्रतट के 'ले कॉक सुर मेर' स्थान पर कुछ दिन गुजारने का निश्चय किया। बेल्जियम की रानी ने उनकी सुरक्षा और सुख-सुविधा का पूरा इंतजाम कर दिया।

अंत में आइंस्टाइन एक लेक्चर देने इंग्लैंड गए और वहीं से पत्नी के साथ जहाज में सवार होकर अमरीका पहुंच गए। आगे प्रिंसटन पहुंचकर वे वहां के नवस्थापित संस्थान 'इंस्टीट्यूट फॉर एडवांस्ड स्टडी' के पहले प्रोफेसर बने।

प्रिंसटन में आइंस्टाइन का एक नया जीवन शुरू हो गया। सांस्कृतिक दृष्टि से वे एक यूरोपीय बने रहे। उन्हें अपने को जर्मन भाषा में ही व्यक्त करने में सुविधा होती थी। प्रिंसटन में सुस्थिर हो जाने के बाद वे पुनः एकीकृत क्षेत्र-सिद्धांत के अनुसंधान में जुट गए। इसमें उन्हें सहयोग देने के लिए वहां कई सारे योग्य गणितज्ञ मौजूद थे।

आइंस्टाइन का जीवन काफी हद तक एक एकाकी व्यक्ति का जीवन था। उन्होंने लिखा भी है : "मैं वस्तुतः एक 'एकाकी यात्री' हूं, और पूरे दिल से कभी भी अपने देश, अपने घर, अपने मित्रों, यहां तक कि अपने परिवार के निकट सदस्यों का भी नहीं हुआ हूं।" उनका व्यक्तिगत जीवन बहुत ही सहज-सरल था, उनका खान-पान भी सादा था, और अपने पहनावे के मामले में तो वे बहुत ही लापरवाह थे। उनके दो शौक थे—नौका-विहार और वायलिन-वादन।

दुनिया-भर के अनेक संगठन आइंस्टाइन से सहयोग की अपील करते रहे। परंतु वे शांति-स्थापना, सिओनवाद और यूरोप में संकट के दौर से गुजर रहे यहूदियों की रक्षा जैसे कुछ ही कार्यों में मदद दे पाए। आइंस्टाइन ने वैज्ञानिक अनुसंधान को कभी नहीं छोड़ा, छोड़ भी नहीं सकते थे, क्योंकि भौतिक विश्व की मूलभूत संरचना को समझना

आइंस्टाइन

उनके जीवन का हमेशा प्रमुख लक्ष्य रहा।

सन् 1936 में इल्सा की मृत्यु हुई। परंतु आइंस्टाइन का जीवन पूर्ववत् चलता रहा। वे 'एकीकृत क्षेत्र सिद्धांत' का गणितीय ढांचा तैयार करने में जुटे रहे। विश्वयुद्ध शुरू हो गया; उससे आइंस्टाइन भी अपने को अलग-थलग नहीं रख पाए। उसी दौरान (2 अगस्त, 1939 को) उन्होंने राष्ट्रपति रूजवेल्ट को लिखे उस पत्र पर अपने हस्ताक्षर कर दिए जिसमें एटम बम के निर्माण की बात सुझाई गई थी। अमरीका में एटम बम बना। अगस्त 1945 में जापान के हिरोशिमा और नागासाकी नगरों पर एटम बम डाले गए। आइंस्टाइन को अपार दुःख हुआ। जर्मनी की हार के बाद उन्होंने जापान के विरुद्ध एटम बम का प्रयोग न करने के बारे में रूजवेल्ट को 12 अप्रैल, 1945 को एक पत्र भी भेजा था। लेकिन वह पत्र रूजवेल्ट द्वारा पढ़े जाने के पहले ही उनकी एकाएक मृत्यु हो गई। रूजवेल्ट को भेजे गए पत्र वस्तुतः लिओ झिलार्ड (1898-1964 ई.) जैसे वैज्ञानिकों ने मिलकर तैयार किए थे; आइंस्टाइन ने उन पर अपने हस्ताक्षर भर किए थे। इसलिए आइंस्टाइन का कहना था : "उनका काम तो महज एक 'पोस्ट-बॉक्स' का था।" लेकिन हिरोशिमा और नागासाकी की विनाश-लीला से वे अत्यंत दुःखी थे; कहते भी थे, "बटन तो मैंने ही दबाया है," अर्थात्, वे समझते थे कि रूजवेल्ट को भेजे गए उनके पत्र से ही यह सब घटित हुआ है।

विश्वयुद्ध के समाप्त होने के साथ ही 1945 ई. में आइंस्टाइन को प्रिंसटन के शोध-संस्थान से अधिकृत रूप से अवकाश मिल गया। अब वे किसी भी देश में जा सकते थे, विशेषतः इस्राइल में, परंतु उन्होंने, उम्र व स्वास्थ्य का खयाल करके, प्रिंसटन में ही रहना पसंद किया। यहां के शोध-संस्थान व विश्वविद्यालय के अकादमिक वातावरण का खूब सम्मान था और दुनिया-भर के चोटी के वैज्ञानिक यहां पहुंचते थे। नील्स बोर 1946 ई. और 1948 ई. में यहां आए। क्वांटम यांत्रिकी की व्याख्या को लेकर दोनों में गहरे मतभेद थे, फिर भी दोनों की दोस्ती में कोई दरार नहीं आई। दोनों में वाद-प्रतिवाद चलता रहा और आइंस्टाइन अपनी आस्था पर कायम रहे कि, "ईश्वर विश्व के साथ पांसा नहीं खेलता।"

प्रिंसटन के शोध-संस्थान से अवकाश ग्रहण करने पर भी आइंस्टाइन प्रतिदिन वहां जाकर कई घंटे काम करते थे। घर पर अब उनके साथी थे—बेटी मार्गोट, सेक्रेटरी हेलेन डुकास और छोटी बहन माया, जिनका 1951 ई. में निधन हुआ। दूसरी पत्नी इल्सा का देहांत 1936 ई. में ही हो गया था।

सन् 1949 में प्रिंसटन में भारी उत्साह के साथ आइंस्टाइन का सत्तरवां जन्मदिन मनाया गया। फिर 1952 ई. में उन्हें इस्राइल का राष्ट्रपति बनने का निमंत्रण मिला, जिसे उन्होंने तत्काल अस्वीकार कर दिया।

लेकिन आइंस्टाइन अब अपने को काफी कमजोर महसूस कर रहे थे। सन् 1952 में एक पत्र में उन्होंने लिखा : "अब मेरे शोधकार्य का कोई विशेष महत्व नहीं रह गया है। अब मैं नए नतीजे नहीं प्राप्त कर पा रहा हूं ...।"

सन् 1955 के शुरू में आइंस्टाइन ने उस आंदोलन को अपना समर्थन दिया जिसमें दुनिया-भर की सरकारों से अपील की गई थी कि वे शांतिमय तरीकों से अपने मतभेद मिटा दें।

13 अप्रैल, 1955 को आइंस्टाइन के उदर के दाएं हिस्से में तेज दर्द उठा। उन्हें अस्पताल में भरती किया गया। डाक्टरों ने जांच करके बताया कि पित्ताशय में सूजन आ गई है। ऑपरेशन का सुझाव दिया गया, लेकिन आइंस्टाइन ने इनकार कर दिया। 18 अप्रैल, 1955 को सुबह 1.25 पर, छहत्तर साल की आयु में, अस्पताल में ही आइंस्टाइन का देहांत हुआ। बाद की जांच से पता चला कि आइंस्टाइन की मृत्यु उनके उदर की महाधमनी में रक्तस्राव होने से हुई है।

सुबह होने पर आइंस्टाइन की वसीयत पढ़ी गई। उन्होंने अनुरोध किया था कि उनका अंतिम संस्कार किसी धार्मिक अनुष्ठान या समारोह के बिना किया जाए। उनकी अंत्येष्टि का समय व स्थान, सिवाय कुछ निकट मित्रों के, गोपनीय रखा जाए। उनका अंतिम संस्कार उनकी इच्छानुसार ही सम्पन्न हुआ।

आइंस्टाइन की जीवन-लीला समाप्त हुई, परंतु उनका 'एकीकृत क्षेत्र सिद्धांत'— ब्रह्मांड के सारे ज्ञात बलों को आपस में जोड़ने का उनका सपना—अपूर्ण ही रह गया। वस्तुतः प्रकृति की संपूर्ण व्याख्या करने वाली पुस्तक का आखिरी अध्याय लिखना किसी भी आदमी के लिए संभव नहीं है, महान आइंस्टाइन के लिए भी संभव नहीं था। आइंस्टाइन इस वास्तविकता को भलीभांति जानते थे। उन्होंने लिखा भी है : "अपने लंबे जीवन में मैंने एक बात सीखी है—यथार्थता के मानदंड से परखें, तो हमारा समूचा विज्ञान अभी आदिम और बालोचित अवस्था में ही है; फिर भी, यही हमारी सबसे मूल्यवान् चीज है।"

आइंस्टाइन और भारत

आइंस्टाइन को भारत से विशेष लगाव था। वे महात्मा गांधी (1869-1948 ई.) से बहुत प्रभावित थे। उनके प्रिंसटन-निवास के अध्ययन कक्ष में फैराडे और मैक्सवेल जैसे महान वैज्ञानिकों के अलावा गांधीजी का भी चित्र टंगा हुआ था। सन् 1951 में उन्होंने लिखा था : "गांधी और भारतीय संस्कृति के लिए मेरे मन में अगाध श्रद्धा है। ... हिंसा-रहित क्रांति का तरीका अपनाकर गांधी ने भारत को आजाद किया। मेरा विश्वास है कि गांधी के तरीके को बड़े पैमाने पर अपनाकर ही हम विश्व में शांति स्थापित कर सकते हैं।" अन्यत्र आइंस्टाइन ने गांधी के बारे में लिखा है : "आगे आनेवाली पीढ़ियां, संभव है, मुश्किल से यकीन कर पाएंगी कि हाड़-मांस का ऐसा भी कोई आदमी इस धरती पर पैदा हुआ था।" गांधीजी से आइंस्टाइन की भेंट कभी नहीं हुई, हालांकि दोनों ही एक-दूसरे से मिलने के लिए उत्सुक थे।

आइंस्टाइन ने गांधीजी के अहिंसात्मक आंदोलन की भले ही स्तुति की हो, किंतु दो बातों को लेकर गांधीजी से उनके मतभेद भी थे। आइंस्टाइन ने सन् 1935 में एक साक्षात्कार में कहा था : "अहिंसात्मक आंदोलन को आदर्श परिस्थितियों में ही चलाया जा सकता है। भारत में अंग्रेजों के विरुद्ध इसे चलाना संभव हो सकता है, मगर आज की जर्मनी में नाज़ियों के खिलाफ इसे चलाना संभव नहीं है। और, आज के युग में मशीनी उत्पादन को खत्म करने या कम करने की गांधी की कोशिश व्यर्थ है। मशीनी उत्पादन एक वास्तविकता है और इसे हमें स्वीकार कर लेना चाहिए।"

पता चलता है कि रवींद्रनाथ ठाकुर (1861-1941 ई.) से आइंस्टाइन तीन बार मिले थे। पहली बार दोनों की भेंट प्रथम विश्वयुद्ध के कुछ समय पहले जर्मनी में हुई थी। रविबाबू को साहित्य का नोबेल पुरस्कार 1913 ई. में मिला था और आइंस्टाइन को भौतिकी का 1921 ई. का नोबेल पुरस्कार दिया गया था। लंबे समय तक आइंस्टाइन की सेक्रेटरी रही हेलेन डुकास ने जानकारी दी है कि आइंस्टाइन रविबाबू को "रब्बी टैगोर" कहते थे। यहूदी पुरोहित को "रब्बी" कहते हैं, और इसका अर्थ है : "मेरे गुरु"। इसलिए "रब्बी" एक तरह से "गुरुदेव" का ही पर्यायवाची है।

रविबाबू दूसरी बार आइंस्टाइन से 14 जुलाई, 1930 को बर्लिन के नजदीक के कापुथ गांव के उनके घर पर मिले थे। दोनों में 'सत्य' को लेकर बातचीत हुई। रविबाबू का कहना था कि मानव से पृथक् विश्व या सत्य या सौंदर्य का कोई अस्तित्व नहीं है। मगर आइंस्टाइन का दृढ़ मत रहा कि सत्य मानवेतर है। उदाहरण

के लिए, उनका कहना था कि "मैं नहीं रहूंगा, तब भी आकाश में चंद्रमा कायम रहेगा।" उसी साल रोमा रोलाँ के अनुरोध पर रविबाबू के 70वें जन्मदिन पर उन्हें समर्पित किए जानेवाले ग्रंथ के लिए आइंस्टाइन ने एक छोटा लेख लिखा था। उसी साल रोमा रोलाँ, रविबाबू व आइंस्टाइन ने मिलकर जबरदस्ती की सैनिक भरती के खिलाफ एक अपील जारी की थी। पता चलता है कि आइंस्टाइन से रविबाबू की तीसरी मुलाकात दिसंबर 1930 में न्यूयार्क में हुई थी।

जवाहरलाल नेहरू (1889-1964 ई.) ने अपने ग्रंथ 'विश्व इतिहास की झलक' में आइंस्टाइन और उनके आपेक्षिकता-सिद्धांत का उल्लेख किया है और आइंस्टाइन को 'आज का सबसे बड़ा वैज्ञानिक' बताया है। अपने अन्य ग्रंथ 'भारत की खोज' में वे आइंस्टाइन को उद्धृत करते हैं : "आज के हमारे भौतिकवादी युग में विवेकशील विज्ञानकर्मी ही वस्तुतः सच्चे धर्मपरायण व्यक्ति हैं।"

अक्तूबर 1949 में प्रधानमंत्री नेहरू अमरीका की यात्रा पर गए थे। तब नेहरू ने प्रिंसटन जाकर आइंस्टाइन से भेंट की थी और उन्हें अपनी पुस्तक 'भारत की खोज' भेंट की थी। तब श्रीमती इंदिरा गांधी भी उनके साथ थीं। आइंस्टाइन ने पुस्तक की प्रशंसा करते हुए 18 फरवरी, 1950 को नेहरू को एक पत्र भी लिखा था।

पीछे हम बता चुके हैं कि सन् 1924 में सत्येंद्रनाथ बसु ने आइंस्टाइन को अपना एक शोध-निबंध भेजा था। आइंस्टाइन ने उस निबंध के महत्व को समझकर उसका जर्मन भाषा में स्वयं अनुवाद करके उसे प्रकाशित कराया था। फिर आइंस्टाइन ने उस विषय को आगे बढ़ाया, जिसकी परिणति 'बोस-आइंस्टाइन सांख्यिकी' के सृजन में हुई। बसु का वह निबंध यदि आइंस्टाइन के पास नहीं पहुंचता, किसी अन्य वैज्ञानिक को भेजा जाता, तो शायद लंबे समय तक उपेक्षित ही पड़ा रहता।

जिस समय सत्येन बसु ने अपना निवंध आइंस्टाइन को भेजा, लगभग उसी समय की बात है। कम्युनिस्ट नेता डा. गंगाधर अधिकारी (जन्म 1898 ई.) तब बर्लिन विश्वविद्यालय में भौतिक-रसायन पर शोधकार्य कर रहे थे। तब आइंस्टाइन उस 'प्रतिभाशाली भारतीय शोधार्थी' से मिलने कभी-कभी उसकी प्रयोगशाला में चले जाया करते थे। बाद में मेरठ षड्यंत्र केस (1929-33) में अन्य तीस के साथ डा. अधिकारी को भी पकड़कर जेल में डाल दिया गया था, तो आइंस्टाइन ने उनकी फौरन रिहाई के लिए अखबारों में अपील जारी की थी।

दिल्ली-निवासी 32 वर्षीय एक निर्धन व्यक्ति ने गणित व भौतिकी में शोधकार्य करने की इच्छा व्यक्त करते हुए जुलाई 1953 में आइंस्टाइन को एक लंबा पत्र लिखा, तो आइंस्टाइन ने उसे सांत्वना व सलाह देते हुए अंग्रेजी में उत्तर लिखा था।

लेव लांदाऊ

सन् 1938 के अप्रैल माह की बात है। सोवियत विज्ञान अकादमी के मास्को स्थित **भौतिकीय समस्या संस्थान** (Institute for Physical Problems) के निदेशक प्योत्र कापित्सा (1894-1984 ई.) ने सोवियत संघ के तत्कालीन सर्वेसर्वा जोसेफ स्तालिन (1879-1953 ई.) को पत्र लिखा :

"कामरेड स्तालिन,

आज सुबह संस्थान के एक शोधकर्ता लेव लांदाऊ को गिरफ्तार किया गया है। वे सिर्फ 29 साल के हैं, मगर वे और व्लादिमिर फोक आज सोवियत संघ के सर्वश्रेष्ठ सैद्धांतिक भौतिकवेत्ता हैं। चुंबकत्व और क्वांटम सिद्धांत के क्षेत्र में किए गए लांदाऊ के शोधकार्य को सोवियत संघ और विदेश के वैज्ञानिक वाङ्मय में अक्सर उद्धृत किया जाता है। अभी पिछले साल ही लांदाऊ ने एक उत्कृष्ट शोध-निबंध प्रकाशित किया है, जिसमें उन्होंने तारा-विकिरण के एक नए ऊर्जा-स्रोत का पता लगाया है। यह शोध-निबंध इस सवाल का संभाव्य उत्तर प्रस्तुत करता है कि, "समय के साथ

सूर्य और तारों की ऊर्जा में काफी कमी क्यों नहीं आई है।" नील्स बोर और अन्य अग्रणी वैज्ञानिकों का मत है कि लांदाऊ के विचारों का भविष्य बहुत उज्ज्वल है।

इसमें संदेह नहीं कि वैज्ञानिक लांदाऊ के इस तरह गायब हो जाने को नजरअंदाज नहीं किया जा सकता; इसे हमारे संस्थान में ही नहीं, देश-विदेश के वैज्ञानिक जगत में भी बहुत गहराई से अनुभव किया जाएगा। यह सही है कि विद्या और योग्यता, कितनी भी उच्च क्यों न हों, किसी भी व्यक्ति को देश के कानून का उल्लंघन करने की इजाजत नहीं देतीं। यदि लांदाऊ दोषी हैं, तो उन्हें इसकी सजा भुगतनी ही होगी। परंतु उनकी असाधारण योग्यता को देखते हुए मैं आपसे अनुरोध करता हूं कि आप उनका मामला काफी सावधानी से सुलझाए जाने के लिए आवश्यक आदेश जारी करें। मुझे लगता है कि लांदाऊ के व्यक्तिगत गुणों पर भी ध्यान दिया जाना चाहिए। वे थोड़े उपद्रवी व्यक्ति हैं; दूसरों की गलतियां निकालने में उन्हें मज़ा आता है। मौका मिलने पर वे गलतियां करने वालों को बड़ी निरादरता से चिढ़ाते हैं, विशेषकर हमारे अकादमीशियनों जैसे आडंबरप्रिय वयोवृद्धों को। इस तरह उन्होंने अपने कई शत्रु पैदा कर लिए हैं।

संस्थान में लांदाऊ को संभालने में हमें भी दिक्कत होती है, परंतु वे हमारे तर्क को सुनते हैं और काफी सुधर भी गए हैं। उनकी असाधारण योग्यता को देखकर मैं उनकी शरारतों को क्षमा कर देता हूं। उनकी तमाम त्रुटियों के बावजूद, मैं यकीन नहीं कर सकता कि लांदाऊ कपटी हो सकते हैं।

लांदाऊ तरुण हैं; उन्हें विज्ञान में अभी बहुत-कुछ करना है। एक वैज्ञानिक के अलावा अन्य कोई इसे बेहतर नहीं समझ सकता। इसीलिए मैं आपको लिख रहा हूं।

– प्योत्र कापित्सा

मास्को : 28 अप्रैल, 1937"

लेव लांदाऊ के बारे में स्तालिन को पत्र लिखने वाले अकादमीशियन प्योत्र कापित्सा (1894-1984 ई.) अपने समय के संसार के एक श्रेष्ठ भौतिकवेत्ता थे। उन्होंने कैंब्रिज विश्वविद्यालय की प्रख्यात केवेंडिश प्रयोगशाला में अर्नेस्ट रदरफोर्ड (1871-1937 ई.) की देखरेख में चुंबकत्व पर महत्वपूर्ण शोधकार्य किया था। कापित्सा का अनुसंधान-कार्य इतना श्रेष्ठ समझा गया कि लंदन की रॉयल सोसायटी ने उनके लिए एक स्वतंत्र 'मांड प्रयोगशाला' स्थापित की और उन्हें 1930 ई. में उसका निदेशक नियुक्त किया।

प्योत्र कापित्सा (1894-1984 ई.)

सन् 1934 में कापित्सा ने अपने देश रूस की यात्रा की। तय हुआ कि अब आगे उन्हें स्वदेश में ही रहकर काम करना है। अगले वर्ष उनके लिए मास्को में सोवियत विज्ञान अकादमी के अंतर्गत भौतिकीय समस्या संस्थान (Institute for Physical Problems) स्थापना की गई। साथ ही, 'मांड प्रयोगशाला' (कैंब्रिज) के उनके प्रमुख उपकरण भी खरीदकर मास्को लाए गए, ताकि वे अपने शोधकार्य को स्वदेश में जारी रख सकें। कापित्सा ने रूस के कई प्रतिभाशाली तरुण भौतिकीविदों को अपने संस्थान में आमंत्रित किया। उन्हीं में एक थे—लेव लांदाऊ, जो कापित्सा के साथ शोधकार्य करने 1937 ई. में मास्को के उनके संस्थान में पहुंच गए थे।

मगर अगले वर्ष एक दिन लेव लांदाऊ मास्को से एकाएक 'गायब' हो गए। स्पष्ट था कि सोवियत शासन के गुप्तचर विभाग ने उन्हें कहीं पर बंदी बनाकर रखा है। लगभग एक साल गुजर जाने पर भी लांदाऊ को नहीं छोड़ा गया, तो कापित्सा ने तत्कालीन विदेश मंत्री मोलोतोव को लिखा :

"कामरेड मोलोतोव,

परम शून्य ताप (-273.16^0 सेंटीग्रेड) के नजदीक द्रव हीलियम पर किए गए मेरे हाल के अनुसंधान में मैंने कुछ ऐसे तथ्यों का पता लगाया है जो आधुनिक भौतिकी की एक सर्वाधिक रहस्यमय शाखा पर प्रकाश डाल सकते हैं। मैं अपने अनुसंधान के कुछ निष्कर्षों को अगले चंद महीनों में प्रकाशित करना चाहता हूं। लेकिन इसके लिए मुझे एक सैद्धांतिक की मदद चाहिए। सोवियत संघ में लांदाऊ ही इस क्षेत्र के ऐसे अधिकारी वैज्ञानिक हैं जो मुझे इसमें सहयोग दे सकते हैं। मगर कठिनाई यह है कि वे पिछले एक साल से हिरासत में हैं।

पूरे साल-भर मैं उनकी मुक्ति की प्रतीक्षा करता रहा। मैं स्पष्ट तौर पर कहना चाहूंगा कि मैं यह यकीन नहीं कर सकता कि लांदाऊ देशद्रोही हो सकते हैं। मैं इसलिए विश्वास नहीं करता, क्योंकि—लांदाऊ जैसा योग्य और प्रतिभाशाली तरुण वैज्ञानिक, जिसकी उम्र सिर्फ 30 साल है, मगर जिसकी ख्याति सारे यूरोप में फैल गई है, जो व्यक्ति बहुत महत्वाकांक्षी है और जो अपने वैज्ञानिक अन्वेषण में पूर्णतः तल्लीन रहता है, उसे अन्य कोई कार्य करने के लिए न तो कोई हेतु हो सकता है,

न ही उसके लिए उसके पास समय और सामर्थ्य हो सकता है। यह सही है कि लांदाऊ की जबान कड़वी है, और वे प्रतिभाशाली हैं, इसलिए उन्होंने अपने कई शत्रु बना लिए हैं, जो अब उनकी इस दुर्दशा से प्रसन्न हैं। परंतु उनके ऐसे स्वभाव के बावजूद, जिसे मुझे भी झेलना पड़ता है, मैंने उन्हें बेईमानी करते कभी नहीं पाया है।

मैं जानता हूं कि यह सब कहकर मैं ऐसे मामले में दख़ल दे रहा हूं जो मेरे क्षेत्र के बाहर का है। फिर भी, मैं निम्नलिखित तथ्यों का उल्लेख करना चाहूंगा, जो मुझे असामान्य लगते हैं :

1. लांदाऊ एक साल से जेल में बंद हैं, परंतु उनके बारे में जांच अभी तक पूरी नहीं हुई है। इतना विलंब होना एक असामान्य बात है।

2. जिस संस्थान में लांदाऊ काम करते हैं, उसका मैं निदेशक हूं, फिर भी मुझे नहीं बताया गया है कि उन पर किस तरह के आरोप हैं।

3. महत्व की बात यह है कि सोवियत और विश्व-विज्ञान पिछले एक साल से, बिना किसी कारण के, लांदाऊ के मस्तिष्क के लाभ से वंचित हैं।

4. लांदाऊ का स्वास्थ्य अच्छा नहीं है। सोवियत जनता के लिए यह बहुत ही शर्म की बात होगी यदि लांदाऊ निर्दोष हैं और वे जेल में ही मर जाते हैं।

इसलिए मैं आपसे अनुरोध करता हूं :

1. लांदाऊ का मामला तेजी से निपटाया जाए।

2. यदि यह नहीं हो सकता, तो क्या यह संभव है कि जब तक लांदाऊ जेल में हैं, तब तक वैज्ञानिक अनुसंधान के लिए उनके मस्तिष्क का उपयोग किया जाए? बताया जाता है कि इंजीनियरों के मामले में ऐसा होता है।

मास्को : 6 अप्रैल, 1939 — **प्योत्र कापित्सा**"

उसके बाद लेव लांदाऊ को छोड़ दिया गया। बहुत कमजोर हो गए थे, इसलिए उनके मित्र स्वास्थ्यलाभ के लिए उन्हें उनकी बहन के पास लेनिनग्राद छोड़ आए। फिर कुछ दिन एक आरोग्यधाम (सैनेटोरियम) में रहने के बाद वे अपने संस्थान वापस लौटे और पुनः अनुसंधान-कार्य में जुट गए।

ऊपर प्योत्र कापित्सा के जो दो पत्र प्रस्तुत किए गए हैं, उनसे कई महत्वपूर्ण बातों की जानकारी मिल जाती है : लांदाऊ और कापित्सा के अनुसंधान के क्षेत्र, दोनों के स्वभाव और तत्कालीन सोवियत शासन-तंत्र।

नोबेल पुरस्कार-विजेता भारतीय वैज्ञानिक सुब्रह्मण्यन् चंद्रशेखर (1910-1995 ई.) सन् 1981 में लेनिनग्राद गए थे। तब लांदाऊ के घनिष्ठ मित्र व

सहयोगी अकादमीशियन येवगेनी लिफ़्शिट्ज (1915-1985 ई.) से उन्हें उपर्युक्त ऐतिहासिक घटना (लांदाऊ की गिरफ़्तारी और मुक्ति) के बारे में जो जानकारी मिली थी, वह प्रस्तुत है उन्हीं के शब्दों में :

लांदाऊ 1938 ई. में गिरफ़्तार हुए। लिफ़्शिट्ज, जो उनके साथ काम करते थे, संस्थान जाने के पहले रोज सुबह लांदाऊ से मिलने चले जाते थे। उस दिन सुबह लिफ़्शिट्ज उनके घर पहुंचे, तो वे वहां नहीं मिले। संस्थान पहुंचे, तो लांदाऊ वहां भी नहीं थे। तब लिफ़्शिट्ज संस्थान के निदेशक कापित्सा के पास पहुंचे। कापित्सा ने बताया कि लांदाऊ को गिरफ़्तार किया गया है और वे इसका कारण जानने के लिए स्तालिन को पत्र लिखने जा रहे हैं। लिफ़्शिट्ज बोले : "इसका क्या नतीजा होगा, आप जानते हैं?" फिर अपने सवाल का स्वयं ही उत्तर देते हैं : "यह शेरों के कठघरे में नंगा कूद जाने जैसा होगा।"

फिर भी कापित्सा ने स्तालिन को चिट्ठी लिखी। लिखा कि वह संस्थान के निदेशक हैं; उन्हें पिछले साल अतितरलता (superfluidity) की खोज के लिए स्तालिन पुरस्कार मिला है; लांदाऊ संस्थान के एक अत्यंत महत्वपूर्ण सदस्य हैं; वस्तुतः लांदाऊ सोवियत संघ में अकेले व्यक्ति हैं जो उनके (कापित्सा के) द्वारा तरल हीलियम पर किए जा रहे प्रयोगों के परिणामों को समझ सकते हैं, उनकी व्याख्या कर सकते हैं। संस्थान के निदेशक के नाते वह जानना चाहते हैं कि लांदाऊ को किस कारण गिरफ़्तार किया गया है।

स्तालिन से कोई उत्तर नहीं मिला, तो कापित्सा ने मोलोतोव को लिखा। कोई तीन महीने बाद कापित्सा को क्रेमलिन बुलाया गया। वहां एक उच्च पदस्थ अफसर या शायद जनरल ने उनके सामने एक मोटी-तगड़ी फाइल रखकर कहा : "इसे पढ़िए और खुद जान लीजिए कि लांदाऊ को क्यों गिरफ़्तार किया गया है।" कापित्सा का जवाब था : "मैं इसे देखना नहीं चाहता। मैं कानूनी विशेषज्ञ नहीं हूं। मैं कानूनी बातें और कानूनी भाषा नहीं समझता। आप जानते हैं कि इस फाइल में क्या है। सरल भाषा में और संक्षेप में आप ही मुझे बताइए कि इसमें क्या है।"

लिफ़्शिट्ज ने हमें बताया कि कापित्सा समझ गए थे कि वे यदि फाइल को एक बार भी खोलकर देखते हैं तो फिर मामले का कोई हल नहीं निकलेगा। इसलिए उस अफसर के बार-बार कहने पर भी कापित्सा ने उस फाइल को देखने से इनकार कर दिया और अफसर से यही पूछते रहे कि लांदाऊ को क्यों गिरफ़्तार किया गया है। अफसर के अस्पष्ट जवाब मिले : "जनता के दुश्मन", "जासूस" आदि। कापित्सा स्पष्ट जानकारी की मांग करते रहे : "मैं लांदाऊ को जानता हूं। मैं जानता

हूं कि वह एक भौतिकवेत्ता हैं। आप कहते हैं वह एक जासूस हैं। उन्होंने किसकी जासूसी की है? क्या भौतिकवेत्ताओं की जासूसी की है? क्या आम जनता की जासूसी की है? मैं रूस और अन्य देशों के अधिकांश भौतिकवेत्ताओं को जानता हूं। मुझे नाम बताइए।"

बातचीत का कोई नतीजा नहीं निकला। दोनों अपनी-अपनी बात पर अड़े रहे। लेकिन दो महीने बाद लांदाऊ को मुक्ति मिली और वे संस्थान वापस लौट आए। इस समूचे नाटकीय विवरण के बाद लिफ्शिट्ज की अंतिम टिप्पणी थी : "भौतिकविदों का विश्व समुदाय कभी नहीं जान पाएगा कि लांदाऊ की मुक्ति के लिए वे कापित्सा के कितने कृतज्ञ हैं।" *

लेव लांदाऊ का जन्म 22 जनवरी, 1908 को कैस्पियन समुद्रतट के नगर बाकू (अजेरबैज़ान की राजधानी) में एक मध्यमवर्गीय यहूदी परिवार में हुआ था। पिता पेट्रोलियम इंजीनियर थे और मां चिकित्सक। लांदाऊ बचपन से ही कुशाग्रबुद्धि थे। गणित में उनकी गहरी दिलचस्पी थी। चौदह साल की आयु में बाकू विश्वविद्यालय के गणित तथा भौतिकी विभाग में प्रवेश लिया। दो साल बाद लांदाऊ लेनिनग्राद विश्वविद्यालय के भौतिकी विभाग में दाखिल हुए और 1927 में, उन्नीस साल की आयु में, स्नातक बने। लांदाऊ अभी विश्वविद्यालय में विद्यार्थी ही थे, तो उनका पहला स्वतंत्र शोध-निबंध प्रकाशित हुआ था।

दो साल बाद, 1929 में लांदाऊ को विदेश जाने का मौका मिला। उन्होंने डेनमार्क, इंग्लैंड, जर्मनी और स्विट्ज़रलैंड में डेढ़ साल रहकर शोधकार्य किया। कोपेनहेगन के सैद्धांतिक भौतिकीय संस्थान में नील्स बोर (1885-1972 ई.) के साथ गुजारे दिन उनके लिए बड़े लाभप्रद सिद्ध हुए। लांदाऊ अपने को हमेशा नील्स बोर का शिष्य मानते रहे।

विदेश से लौटने के बाद लांदाऊ ज्यादा दिनों तक लेनिनग्राद में नहीं रहे; वे खारकोव के 'उक्राइन भौतिकीय तकनीकी संस्थान' चले गए। वहां पांच साल रहकर उन्होंने भौतिकी के अध्ययन-अन्वेषण के लिए एक "न्यूनतम पाठ्यक्रम" तैयार किया और भौतिकी के क्षेत्र में शोधकार्य करने के लिए कई विद्यार्थियों को प्रोत्साहित किया।

सन् 1937 में लांदाऊ मास्को में नए स्थापित 'भौतिकीय समस्या संस्थान' चले आए और वहां सैद्धांतिक विभाग के प्रमुख नियुक्त हुए। संस्थान के निदेशक प्योत्र

---

* **CHANDRA** : A Biography of S. Chandrasekhar by Kameshwar C. Wali, Viking, New Delhi, pp. 278-79.

कापित्सा और लेव लांदाऊ के सम्मिलित शोधकार्य का सिलसिला शुरू हो गया। कुछ समय बाद वह घटना (लांदाऊ की गिरफ़्तारी और मुक्ति) घटी जिसकी मैंने ऊपर विस्तार से चर्चा की है।

मास्को में आने के बाद लांदाऊ ने सैद्धांतिक भौतिकी के कई क्षेत्रों में मौलिक अनुसंधान-कार्य किया, जिनमें प्रमुख है, क्वांटम द्रवों का सिद्धांत (theory of quantum fluids)। द्रव हीलियम की अतितरलता (superfluidity) के साथ लांदाऊ का नाम अभिन्न रूप से जुड़ गया है। साथ ही निम्न-ताप भौतिकी के अन्य क्षेत्र—अतिचालकता (superconductivity)—के विकास में भी उनका प्रमुख योगदान रहा है। अतिचालक वे पदार्थ होते हैं जिनमें विद्युत-प्रतिरोधिता समाप्त हो जाती है। कुछ ऐसे पदार्थ हैं जिनमें एक निश्चित तापमान पर अतिचालकता आ जाती है, यानी उनमें विद्युत-धारा बिना किसी ऊर्जा की हानि के प्रवाहित हो सकती है। द्रव हीलियम ऐसा ही एक पदार्थ है।

सन् 1950 में लांदाऊ ने हीलियम के एक अतिदुर्लभ समस्थानिक हीलियम-III पर शोधकार्य शुरू किया। परम शून्य से 2.2^0 ऊपर तापमान (2.2 केल्विन तापमान) पर हीलियम-III अतितरल बन जाता है। लांदाऊ ने क्वांटम यांत्रिकी के आधार पर इस अतितरलता की व्याख्या प्रस्तुत की। इस अनुसंधान-कार्य के लिए लांदाऊ को सन् 1962 का भौतिकी का नोबेल पुरस्कार प्रदान करने की घोषणा हुई। लेकिन यह पुरस्कार उन्हें मास्को के एक अस्पताल में रुग्णशय्या पर ग्रहण करना पड़ा। यह एक चमत्कार ही था कि नोबेल पुरस्कार ग्रहण करने के लिए वे अभी जीवित थे।

7 जनवरी, 1962 का दिन। एक कार मास्को से नजदीक के दुब्ना स्थित प्रसिद्ध परमाणु अनुसंधान केंद्र की ओर जा रही थी। सड़क बर्फ से पटी हुई थी। सामने से आ रहे एक वाहन की टक्कर से बचने के लिए कार ने थोड़ा मोड़ लिया, तो वह फिसलकर एक ट्रक से जाकर भिड़ गई और चकनाचूर हो गई। कार के यात्री लेव लांदाऊ को मलवे से बाहर निकाला गया, तो वे लगभग निर्जीव हो गए थे। उनकी खोपड़ी फट गई थी, पसलियां भी टूट गई थीं।

अस्पताल में डाक्टरों ने पाया कि खोपड़ी के फ्रैक्चर के अलावा लांदाऊ की 11 हड्डियां टूट गई हैं। हृदय, गुरदे और केंद्रीय तंत्रिका-तंत्र को भी क्षति पहुंची है। ऑक्सीजन दिया गया। रक्त भी दिया गया। दिमाग पर दाब को कम करने के लिए आपात्कालीन आपरेशन किया गया। दुर्घटना के बाद चौथे दिन लांदाऊ की हृदय-गति रुक गई। तुरंत उद्दीपक दवाएं देने से हृदय-गति फिर शुरू हो गई। सातवें दिन, फिर नौवें दिन और पुनः ग्यारहवें दिन हृदय-गति रुक गई। उद्दीपक

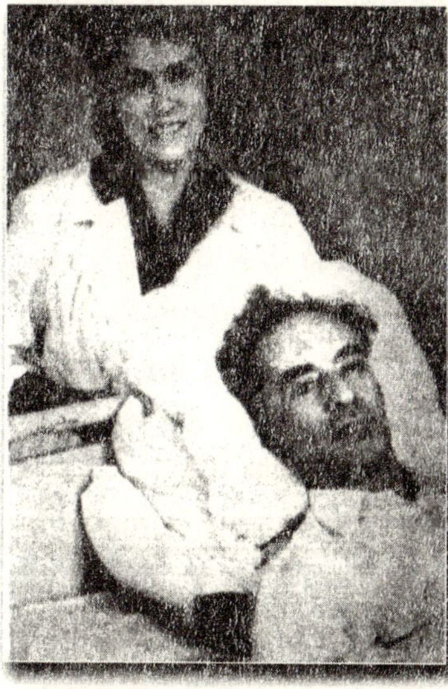

लेव लांदाऊ : अस्पताल में पत्नी कोरा के साथ, नवंबर 1962 ई.

दवाओं ने हर बार लांदाऊ को नया जीवन दिया। लेकिन समूचे दौर में वे अचेतन अवस्था में ही रहे।

लांदाऊ को बचाने के लिए विदेश के कई विशेषज्ञों को मास्को बुलाया गया। कनाडा से डा. विल्डेर पेनफील्ड आए। फरवरी के अंत में लांदाऊ अभी बेहोश ही थे, परंतु उनकी स्थिति में थोड़ा सुधार देखकर उन्हें मास्को स्थित स्नायु-शल्यचिकित्सा संस्थान में स्थानांतरित किया गया। एक दिन लांदाऊ के प्रमुख चिकित्सक उनके कमरे के बाहर सलाह-मशविरे के लिए एक बार पुनः एकत्र हुए। उस समय लांदाऊ के घनिष्ठ मित्र व सहयोगी प्रो. येवगेनी लिफ्शिट्ज कमरे में उनके पास बैठे थे। लांदाऊ का शरीर पूर्णतः निष्क्रिय था, परंतु उनकी आंखें खुली थीं। क्या लांदाऊ सचेत हैं? लिफ्शिट्ज ने सोचा कि वे जानने की कोशिश करेंगे :

"दाऊ, यदि आप मुझे पहचानते हैं, तो अपनी आंखें बंद कीजिए।"

लांदाऊ ने आंखें बंद कीं। लिफ्शिट्ज बगल के कमरे में दौड़े :

"उन्होंने मुझे पहचान लिया है! हां, उन्होंने मुझे पहचाना है!"

धीरे-धीरे लांदाऊ की स्थिति में सुधार होता गया। सन् 1962 के जाड़ों में मास्को से 'मेडिकल रिपोर्ट' जारी की गई :

"चिकित्सकों की राय है कि लांदाऊ की विचार-शक्ति, गहन तथा तार्किक चिंतन की उनकी क्षमता, वापस लौट आई है। किंतु उनकी स्मरण-शक्ति अब भी डांवांडोल है। उनके मतानुसार एक महत्वपूर्ण उपलब्धि यह है कि अब वे स्वयं अपनी स्थिति को समझते हैं। वे अपने पसंद के काम—सैद्धांतिक भौतिकी—पर पुनः लौटना चाहते हैं, परंतु अनुभव कर रहे हैं कि ठीक से काम करने के लिए वे अभी एकदम स्वस्थ नहीं हुए हैं।"

परीक्षण के लिए, डरते-डरते ही, एक पर्याप्त जटिल गणितीय समस्या लांदाऊ के सामने पेश की गई। मरीज ने धीमी आवाज में जो उत्तर प्रस्तुत किया, वह गलत

प्रतीत हुआ, तो वहां निराशा छा गई। परंतु एक सहयोगी ने लांदाऊ के उत्तर की पुनः जांच की, तो वह सही साबित हुआ। निराशा उल्लास में बदल गई। बात यह हुई थी कि लांदाऊ ने, जैसी कि उसकी आदत थी, एक नितांत मौलिक तरीके से समस्या का हल खोजा था।

अब लांदाऊ को नोबेल पुरस्कार प्रदान करने की रस्म पूरी की जा सकती थी। 10 दिसंबर, 1962 को स्वीडेन के राजदूत सोह्लमान मास्को स्थित अस्पताल के उस कक्ष में पहुंचे जहां लांदाऊ को रखा गया था। उस समय वहां उपस्थित थे—प्योत्र कापित्सा, निकोलाई सेम्योनोव, इगोर ताम और चोटी के अन्य कई सोवियत वैज्ञानिक। इनमें सेम्योनोव और ताम नोबेल पुरस्कार प्राप्त कर चुके थे; प्योत्र कापित्सा को बाद में 1978 ई. में भौतिकी का नोबेल पुरस्कार मिला।

उस अवसर पर मास्को स्थित **भौतिकीय समस्या संस्थान** में लांदाऊ के साथ अपने दो दशकों से भी अधिक के संबंधों का उल्लेख करते हुए प्योत्र कापित्सा ने कहा :

"लांदाऊ ने सैद्धांतिक भौतिकी के सभी क्षेत्रों में अनुसंधान-कार्य किया है, और इस सारे कार्य को एक शब्द में व्यक्त किया जा सकता है—अद्भुत। हम सभी लांदाऊ से बहुत प्यार करते हैं। हमें गर्व है कि उनके कार्य की अब सारी दुनिया में सराहना होती है। अपने जीवन में ऐसा उत्साही, ऐसा सहयोगी, ऐसा अद्भुत मित्र और तरुण भौतिकविदों का ऐसा सावधान शिक्षक क्वचित् ही कहीं देखने को मिलता है।"

लांदाऊ के वैज्ञानिक योगदान के बारे में संक्षेप में और सरल शब्दों में कहा जा सकता है : उन्होंने द्रव्य की बुनियादी परिघटनाओं का अन्वेषण किया—पदार्थ किस तरह ठोस, द्रव और गैसीय अवस्थाओं में परिवर्तित होक्ते हैं और परम शून्य ताप (-273.16^0 सेंटीग्रेड) के नजदीक उनका व्यवहार कैसा होता है; जहां विद्युत-धारा के एक बार आरंभ हो जाने पर वह कभी रुक नहीं सकेगी और एक प्याले में घुमाया गया हीलियम सतत घुमता ही रह सकेगा।

लेव लांदाऊ ने सैद्धांतिक भौतिकी पर कई ग्रंथ लिखे हैं। दुनिया की कई भाषाओं में उनका अनुवाद हुआ है। उन्होंने अपने मित्र अकादमिशियन येवगेनी लिफ्शिट्ज के साथ मिलकर सैद्धांतिक भौतिकी पर एक ग्रंथ-मालिका लिखी है। सन् 1937 और 1962 के बीच इस मालिका के सात खंड तैयार हो चुके थे; तीन खंड बाद में जोड़े गए। साथ ही, लांदाऊ ने भौतिकी से संबंधित ऐसे ग्रंथों की एक सूची तैयार की थी जिनका अध्ययन इस विषय के विद्यार्थियों के लिए परमावश्यक समझा गया। यह सूची 'लांदाऊ न्यूनतम' के नाम से जानी जाती है।

लांदाऊ ने केवल विशेषज्ञों के लिए ही नहीं, जनसामान्य के लिए भी लोकप्रिय

विज्ञान की पुस्तकें लिखी हैं। प्रो. अ. किताईगोरोदस्की के साथ लिखी हुई उनकी पुस्तक **सरल भौतिकी** खूब प्रसिद्ध हुई है; इस पुस्तक के कुछ भागों का हिंदी में भी अनुवाद हुआ है। सन् 1961 में यूरी रूमेर के साथ लिखी गई उनकी यह पुस्तक (**आपेक्षिकता-सिद्धांत क्या है**) वस्तुतः जनसामान्य के लिए ही है। इस पुस्तक का भी संसार की अनेक भाषाओं में अनुवाद हो चुका है।

लेव लांदाऊ जब अपने बौद्धिक क्रियाकलापों के सर्वोच्च शिखर पर पहुंच गए थे, तब एक भयंकर दुर्घटना ने उनके जीवन को सदा के लिए अपंग बना दिया। उनकी शारीरिक क्षमता पूरी तरह कभी वापस नहीं लौटी। सन् 1968 में, 60 साल की आयु में, लेव लांदाऊ का देहांत हुआ। उनका शरीर भले ही मिट्टी में मिल गया हो, मगर भौतिकी के एक आधुनिक विश्वकोश की कोटि का उनका लेखन—उनके निबंध और ग्रंथ—शेल्फों पर धूल नहीं खा रहा है, बल्कि दुनिया-भर के पाठकों द्वारा आज भी खूब श्रद्धा से पढ़ा जाता है।

यूरी रूमेर

आपेक्षिकता-सिद्धांत क्या है पुस्तक के सह-लेखक यूरी रूमेर (1901-1985 ई.) भौतिकी के प्राध्यापक थे। वे खारकोव के 'उक्राइन भौतिकीय तकनीकी संस्थान' में लांदाऊ के सहकर्मी थे, और उन्हीं के साथ रहते थे। दोनों ने मिलकर इलेक्ट्रॉन-फोटॉन सोपानी बौछार के सृजन के लिए एक गणितीय सिद्धांत प्रस्तुत किया था।

सन् 1938 के दमन के दिनों में, लेव लांदाऊ की तरह, यूरी रूमेर को भी गिरफ़्तार करके साइबेरिया में निर्वासित कर दिया गया था। उन दिनों लांदाऊ रूमेर को नियमित रूप से पैसा भेजते थे। उन दिनों की परिस्थितियों में ऐसा करना एक बहुत बड़े साहस का काम था।

मुक्ति मिलने और पुनः पद-बहाली होने पर यूरी रूमेर ने पहले येनिसेइस्क के शैक्षणिक संस्थान में, फिर नोवासिबिर्स्क में और अंत में, जीवन के अंतिम दिनों में, सोवियत विज्ञान अकादमी की साइबेरियाई शाखा के नाभिकीय भौतिकी संस्थान में कार्य किया।

आज यूरी रूमेर **आपेक्षिकता-सिद्धांत क्या है** पुस्तक के सह-लेखक के रूप में ज्यादा जाने जाते हैं।

विशिष्ट शब्दावली

(क) आपेक्षिकता सिद्धांत (Relativity Theory) : अल्बर्ट आइंस्टाइन (1879-1955 ई.) का आपेक्षिकता का सिद्धांत, जो आइजेक न्यूटन (1642-1727 ई.) की भौतिकी का विस्तार करता है। आपेक्षिकता का संबंध दिक् (आकाश), काल और द्रव्य से है। इसके दो रूप हैं : 1. **विशिष्ट आपेक्षिकता सिद्धांत** (Special Relativity Theory), और 2. **व्यापक आपेक्षिकता सिद्धांत** (General Relativity Theory)। **विशिष्ट आपेक्षिकता सिद्धांत** का आरंभ इस आधार-वाक्य से होता है कि एक-दूसरे के सापेक्ष एकसमान वेग से गतिमान प्रेक्षकों के लिए भौतिकी के नियम एक-से रहते हैं और इन तंत्रों में प्रकाश का वेग सर्वत्र समान होता है। इस सिद्धांत के अनुसार, एक स्थिर प्रेक्षक के लिए गतिमान पिंड का द्रव्यमान बढ़ जाता है और उसका दैर्घ्य गति की दिशा में घट जाता है। इस सिद्धांत की एक विशेष उपलब्धि द्रव्यमान और ऊर्जा की पारस्परिक तुल्यता ($E = mc^2$) है। **व्यापक आपेक्षिकता** (General Relativity) इस मान्यता पर आधारित है कि भौतिकी के नियम सभी प्रेक्षकों के लिए एक-से होने चाहिए, चाहे वे एक-दूसरे के सापेक्ष कैसे भी गतिमान हों। अन्य शब्दों में, व्यापक आपेक्षिकता सिद्धांत में त्वरित गति का भी विचार किया जाता है। व्यापक आपेक्षिकता सिद्धांत में गुरुत्वाकर्षण की व्याख्या दिक्काल की वक्रता के आधार पर की जाती है। त्वरण शून्य मान लेने पर व्यापक आपेक्षिकता सिद्धांत, विशिष्ट आपेक्षिकता सिद्धांत का रूप ग्रहण कर लेता है।

(ख) आपेक्षिकता सिद्धांत (Relativity Theory) : आइंस्टाइन का आपेक्षिकता का सिद्धांत दो प्रमुख अभिगृहीतों पर आधारित है : (1) यदि दो तंत्र एक-दूसरे की सापेक्षता में एकसमान वेग से चल रहे हैं, तो एक तंत्र (चौखट या ढांचे) में स्थित प्रेक्षक दूसरे की घटनाओं का प्रेक्षण-मापन करके इससे अधिक कुछ भी नहीं जान सकता कि दोनों तंत्र सापेक्षिक गति में हैं। (2) इन दोनों तंत्रों से प्रकाश के वेग का मापन करने पर प्राप्त संख्यात्मक मान बराबर होगा, चाहे प्रकाश के स्रोत की स्थिति कहीं भी हो। इस सिद्धांत को आपेक्षिकता का विशिष्ट सिद्धांत कहते हैं।

इसमें गुरुत्वाकर्षण और उससे संबद्ध विषयों को सम्मिलित करके आपेक्षिकता के व्यापक सिद्धांत की स्थापना की गई है।

ईथर (Ether, Aether) : एक काल्पनिक माध्यम, जिसके बारे में पहले सोचा गया था कि यह समूचे आकाश में व्याप्त है और प्रकाश तथा अन्य विद्युत्-चुंबकीय तरंगों के प्रवाह को आधार प्रदान करता है। किसी भी प्रयोग से ईथर के अस्तित्व की पुष्टि नहीं होती और न ही आपेक्षिकता के सिद्धांत के लिए इसकी आवश्यकता है।

एकीकृत क्षेत्र सिद्धांत (Unified Field Theory) : एक सर्वव्यापक सिद्धांत, जो प्रकृति के सभी ज्ञात बुनियादी बलों--गुरुत्वाकर्षण, विद्युत्-चुंबकीय, दृढ़ और क्षीण बलों--को संयुक्त करनेवाले समीकरण प्राप्त करने का प्रयास करता है। इनमें विद्युत्-चुंबकीय बल और क्षीण नाभिकीय बल को एकीकृत करने में सफलता मिल गई है।

काल, समय (Time) : दो घटनाओं के बीच की अवधि।

क्लासिकल यांत्रिकी (Classical mechanics) : आइजेक न्यूटन (1642-1727 ई.) द्वारा संस्थापित यांत्रिकी।

क्वांटम (Quantum) : एक ऐसी अविभाज्य इकाई, जिसमें तरंगें उत्सर्जित या अवशोषित हो सकती हैं।

क्वांटम सिद्धांत (Quantum mechanics) : गणितीय भौतिकी की एक शाखा, जिसका उदय मैक्स प्लांक के क्वांटम सिद्धांत और वेर्नेर हाइजेनबर्ग के अनिश्चितता के सिद्धांत से हुआ। इसकी एक शाखा आपेक्षिकीय क्वांटम यांत्रिकी (Relativistic quantum mechanics) है, जिसमें आपेक्षिकता के सिद्धांत का समावेश कर लिया गया है।

क्षेत्र (field) : आकाश का वह प्रदेश जो गुरुत्वाकर्षण, चुंबकत्व आदि भौतिक बलों द्वारा प्रभावित हो।

निरपेक्ष काल (Absolute time) : काल के बारे में न्यूटन का विचार, जिसके अनुसार समूचे विश्व में काल की रफ़्तार एक-सी है और विभिन्न स्थानों के लोगों के लिए 'अब' (now) एक ही है।

निर्देशांक (Coodinates) : दिक् (आकाश) और काल में किसी बिंदु की स्थिति को निर्धारित करनेवाली संख्याएं।

त्वरण (Ecceleration) : किसी वस्तु के वेग में होनेवाले परिवर्तन की दर।

दिक्काल, आकाश-काल (Space-time) : चार विमाओं (लंबाई, चौड़ाई, ऊंचाई तथा काल) वाला आकाश-काल, जिसके बिंदु घटनाएं होती हैं।

परम शून्य ताप (Absolute zero temperature) : ऊष्मागतिकी के अनुसार निम्नतम संभव ताप। गैसों के अणुगति सिद्धांत के अनुसार इस ताप पर गैस के अणुओं का वेग शून्य होता है और उनमें कोई ऊष्मीय ऊर्जा नहीं रहती। यह -273.16^0 सेंटीग्रेड के लगभग होता है। किसी वस्तु को इस ताप तक ठंडा करना संभव नहीं है।

प्रकाश विद्युत् प्रभाव (photoelectric effect) : किसी धातु या अन्य पदार्थ पर दृश्य, अवरक्त या पराबैंगनी विकिरण-ऊर्जा पड़ने पर इलेक्ट्रॉनों का उत्सर्जन। इस प्रक्रिया में प्रत्येक इलेक्टॉन के उत्सर्जन में फोटॉन (photon) की संपूर्ण ऊर्जा का अवशोषण हो जाता है। सन् 1905 में प्रतिपादित आइंस्टाइन के एक समीकरण से इनका संबंध स्पष्ट होता है। इस समीकरण द्वारा प्रकाश-विद्युत् इलेक्ट्रॉन की गतिज ऊर्जा आपतित फोटॉनों की क्वांटम ऊर्जा के रूप में व्यक्त की जाती है। यह समीकरण है : $E = h\nu - \phi$, जहां E इलेक्ट्रॉन की गतिज ऊर्जा है, h प्लांक का स्थिरांक है, ν आपतित प्रकाश की आवृत्ति है और ϕ वह आधिक्य ऊर्जा है जो परमाणु में से इलेक्ट्रॉन के पलायन के लिए जरूरी होती है।

फोटॉन (photon) : विद्युत्-चुंबकीय विकिरण का एक क्वांटम।

बोस-आइंस्टाइन सांख्यिकी (Bose-Einstein Statistics) : सत्येंद्रनाथ बसु (1894-1974 ई.) और आइंस्टाइन द्वारा विकसित अविभेद्य कणों की क्वांटम सांख्यिकी, जो फोटॉनों और उन अणुओं और परमाणुओं पर लागू होती है जिनमें प्रोटॉन, न्यूट्रॉन व इलेक्ट्रॉन की संख्या समान होती है। इस सांख्यिकी का पालन करने वाले कण किसी एक ही ऊर्जा-अवस्था में सामूहिक रूप से रह सकते हैं। इस सांख्यिकी का पालन करने वाले कण—फोटॉन, पाई मेसॉन, अल्फा कण और कणों की सम संख्यावाले सभी नाभिक—**बोसॉन** (boson) कहलाते हैं।

ब्रह्मांडिकी, ब्रह्मांड-विज्ञान (cosmology) : विज्ञान की एक शाखा जिसमें एक संपूर्ण इकाई के रूप में विश्व—ग्रहों, नक्षत्रों, नीहारिकाओं, मंदाकिनियों आदि—की संरचना, विकास एवं परस्पर संबंध के बारे अध्ययन किया जाता है।

विद्युत-चुंबकीय विकिरण (electro-magnetic radiation) : दृश्य प्रकाश, पराबैंगनी किरणों, अवरक्त विकिरण, एक्स-किरणों, गामा-किरणों तथा रेडियो-तरंगों के लिए प्रयुक्त एक व्यापक शब्द। विद्युत्-चुंबकीय क्षेत्र में जनित इन सभी विक्षोभों का संचरण एकसमान गति (3,00,000 किलोमीटर प्रति सेकंड) से होता है। इनके केवल तरंग-दैर्घ्यों और आवृत्तियों में ही अंतर होता है।

पारिभाषिक शब्दावली

हिंदी - अंग्रेजी

अंतरिक्ष प्रयोगशाला	space laboratory
अणु	molecule
अतिचालकता	superconductivity
अतितरलता	superfluidity
अनंत	infinite
अनिश्चितता का नियम	uncertainty principle
अनुपात	ratio, proportion
अनुमान	inference
अभिरक्त विस्थापन, लाल सरकाव	red-shift
अयूक्लिडीय ज्यामिति	non-Euclidian Geometry
असंगति, अंतर्विरोध	contradiction, incongruity
असीम	infinite
आकाश, दिक्	space
आकाशगंगा	Milky Way
आपेक्षिक, सापेक्षिक	relatively
आपेक्षिक दिशा	relative direction
आपेक्षिकता सिद्धांत, आपेक्षिकी	Relativity Theory
आपेक्षिकीय	relativistic
ईथर	ether, Aether
ऊर्ध्वाधर, खड़ा	vertical (direction)
एकसमान	uniform
एकीकृत क्षेत्र सिद्धांत	unified field theory
कंपन	vibration

कलन-गणित	calculus
काल, समय	time
काल की आपेक्षिकता	relativity of time
केशिका	capillary
कोणीय	angular
कोणीय दूरी	angular distance
क्लासिकल भौतिकी	Classical Physics
क्वांटम सिद्धांत	Quantum theory
क्वथनांक	boiling point
क्षण	instant
क्षेत्र	field
खगोलविद्	astronomer
गति	speed
गति की आपेक्षिकता	relativity of speed
गति-तंत्र	frame of motion
गुणधर्म	property
गुणांक	coefficient
गुरुत्वाकर्षण	gravity
गुरुत्वीय क्षेत्र	gravitational field
गोलीय ज्यामिति	spherical geometry
घटना	event
घर्षण	friction
घूर्णन, भ्रमण	rotation
चौखट, तंत्र, ढांचा	frame
जड़त्व	inertia
जड़त्व का नियम	law of inertia
जड़त्वीय तंत्र, जड़त्वीय फ्रेम	inertial frame
जड़त्वीय निर्देशांक	inertial coordinates
तंत्र	frame
तत्काल, तत्क्षण	instantly
तात्कालिक, तात्क्षणिक	instantanious

त्रासदी	tragedy
तरंग यांत्रिकी	Wave mechanics
त्वरण	acceleration
त्वरित्र	accelerator
दिक्, आकाश	space
दिक्काल	space and time
देशांतर	longitude
द्रव्यमान, द्रव्यराशि	mass
धारणा	notion
ध्वनि	sound
नियतिवाद	determinism
निरपेक्ष	absolute
निर्देश-तंत्र	frame of reference
निर्वात	vacuum
पदन्वयन, भावानुवाद	paraphrase
परवलय	parabola
पिंड, वस्तु	body
प्रकाश-वर्ष	light year
प्रकाश-विद्युत् प्रभाव	photoelectric effect
प्रकाश-संचरण	propagation of light
प्रक्षेप-पथ	trajectory
प्रयोगशाला, तंत्र	laboratory
प्राथमिक कणिका	elementary particle
प्रेक्षण, अवलोकन	observation
फैलाव, संचरण	propagation
बल, शक्ति	force
ब्रह्मांड, विश्व	universe
ब्राउनी गति	Brownian motion
भूगणित	geodesy
भौतिकी, भौतिक-विज्ञान	physics
मंदन, अवत्वरण	deceleration

मंदाकिनी	galaxy
मनमौजी	capricious
माध्यम	medium
यांत्रिकी	mechanics
याम्योत्तर	meridian
रेडियो-तरंगें	radio waves
वक्रता	curvature
वस्तु, पिंड	body
विद्युत्-चुंबकीय	electromagnetic
विमा, आयाम	dimention
विरोधाभास	paradox
विशिष्ट आपेक्षिकता-सिद्धांत	Special Theory of Relativity
विश्व, ब्रह्मांड	universe
वेग	velocity
व्याध या लुब्धक तारा	Sirius
व्यापक आपेक्षिकता सिद्धांत	General Theory of Relativity
संकुचन	contraction
संचरण, फैलाव	propagation
संवलित	warped
समकालिक घटनाएं	simultaneous events
समकोण त्रिभुज	right angled triangle
समस्थानिक	isotope
समद्विबाहु त्रिभुज	isosceles triangle
समानुपात	proportion
सहज बोध, सामान्य बुद्धि	common sense
सातत्य	continuum
सिओनवाद	Zionism
सीधी रेखा में	rectilinearly
सोपानी बौछार	cascade shower
सौर मंडल	solar system
स्थिर अवस्था	state of rest

अंग्रेजी - हिंदी

absolute	निरपेक्ष, परम
acceleration	त्वरण
accelerator	त्वरित्र
angular	कोणीय
angular distance	कोणीय दूरी
astronomer	खगोलविद्
body	पिंड, वस्तु
boiling point	क्वथनांक
Brownian motion	ब्राउनी गति
calculus	कलन-गणित
capillary	केशिका
capricious	मनमौजी
cascade shower	सोपानी बौछार
Classical physics	क्लासिकल भौतिकी
coefficient	गुणांक
common sense	सहज बोध, सामान्य बुद्धि
continuum	सातत्य
contraction	संकुचन
contradiction	अंतर्विरोध, असंगति
Cosmology	ब्रह्मांडिकी, ब्रह्मांड-विज्ञान
curvature	वक्रता
deceleration	मंदन, अवत्वरण
dererminism	नियतिवाद
dimention	विमा, आयाम
electromagnetic	विद्युत्-चुंबकीय
elementary particle	प्राथमिक कणिका
ether, Aether	ईथर
event	घटना
field	क्षेत्र
force	बल, शक्ति

frame	चौखट, ढांचा, तंत्र
frame of motion	गति-तंत्र
frame of reference	निर्देश-तंत्र
friction	घर्षण
galaxy	मंदाकिनी
geodesy	भूगणित
General Theory of Relativity	व्यापक आपेक्षिकता-सिद्धांत
gravitational field	गुरुत्वीय क्षेत्र
gravity	गुरुत्वाकर्षण
incongruity	असंगति
inertia	जड़त्व
inertial coordinates	जड़त्वीय निर्देशांक
inertial frame	जड़त्वीय फ्रेम, जड़त्वीय तंत्र
inference	अनुमान
infinite	असीम, अनंत
instant	क्षण
instantanious	तत्काल, तत्क्षण, तात्कालिक, तात्क्षणिक
isosceles triangle	समद्विबाहु त्रिभुज
isotope	समस्थानिक
laboratory	प्रयोगशाला, चौखट, तंत्र
law of inertia	जड़त्व का नियम
longitude	देशांतर
mass	द्रव्यमान, द्रव्यराशि
medium	माध्यम
meridian	याम्योत्तर
Milky Way	आकाशगंगा
molecule	अणु
motion	गति
notion	धारणा
observation	प्रेक्षण, अवलोकन
parabola	परवलय

paradox	विरोधाभास
paraphrase	पदन्वयन, भावानुवाद
phenomenon	घटना
photoelectric effect	प्रकाश-विद्युत् प्रभाव
physics	भौतिक-विज्ञान, भौतिकी
propagation	संचरण, फैलाव
propagation of light	प्रकाश-संचरण
property	गुणधर्म
proportion	समानुपात, अनुपात
radio waves	रेडियो-तरंगें
rectilinearly	सीधी रेखा में
red-shift	अभिरक्त विस्थापन, लाल सरकाव
reference frame	निर्देश-तंत्र
relative	आपेक्षिक, सापेक्ष
relative direction	आपेक्षिक दिशा
relatively	आपेक्षिक, सापेक्षिक
relativistic	आपेक्षिकीय
Relativity	आपेक्षिकता, आपेक्षिकी
relativity of motion	गति की आपेक्षिकता
relativity of time	काल (समय) की आपेक्षिकता
Relativity Theory	आपेक्षिकता-सिद्धांत
rest, state of	स्थिर अवस्था
right angled triangle	समकोण त्रिभुज
rotation	घूर्णन, भ्रमण
simultaneous events	समकालिक घटनाएं
Sirius	व्याध या लुब्धक तारा
solar system	सौर मंडल
sound	ध्वनि
space	आकाश, दिक्
space and time	दिक्काल, आकाश-काल
space laboratory	अंतरिक्ष प्रयोगशाला

Special Theory of Relativity	विशिष्ट आपेक्षिकता सिद्धांत
speed	गति
Spherical geometry	गोलीय ज्यामिति
superconductivity	अतिचालकता
superfluidity	अतितरलता
time	काल, समय
trajectory	प्रक्षेप-पथ
tragedy	त्रासदी
Uncertainty principle	अनिश्चितता का नियम
Unified field theory	एकीकृत क्षेत्र सिद्धांत
uniform	एकसमान
universe	विश्व, ब्रह्मांड
vacuum	निर्वात
velocity	वेग
vertical (direction)	ऊर्ध्वाधर, खड़ा
vibration	कंपन
Zionism	सिओनवाद

◆❉◆